U0742753

逻辑学入门

清晰思考 理性生活的
88个逻辑学常识

格桑·著

中国纺织出版社有限公司

内 容 提 要

著名逻辑学家、哲学家金岳霖曾说：逻辑是生活中找寻并满足其愿望的实际工具，没有逻辑，我们的生活将十分沉重，以致几乎是不可能的。很多人都认为逻辑学宽广且枯燥深奥，不容易学习更不容易运用。本书作者认为，逻辑在生活中无处不在，逻辑时刻服务于我们的生活，即便很多人对其没有清楚的概念。作者在本书以碎片化的文本形式、贴近生活的案例和故事、简练又充满机智的笔触，帮助读者轻松地了解逻辑学常识和概念，辨别语言陷阱，认识逻辑谬误，学会用清晰理性的方式思考问题。

图书在版编目（CIP）数据

逻辑学入门：清晰思考、理性生活的88个逻辑学常识 / 格桑著. ––北京：中国纺织出版社有限公司，2020.9（2025.11重印）

ISBN 978-7-5180-7659-8

Ⅰ．①逻…　Ⅱ．①格…　Ⅲ．①逻辑学—通俗读物　Ⅳ．①B81-49

中国版本图书馆CIP数据核字（2020）第126382号

责任编辑：郝珊珊　　责任校对：高　涵　　责任印制：储志伟

中国纺织出版社有限公司出版发行
地址：北京市朝阳区百子湾东里A407号楼　邮政编码：100124
销售电话：010—67004422　传真：010—87155801
http://www.c-textilep.com
中国纺织出版社天猫旗舰店
官方微博 http://weibo.com/2119887771
天津千鹤文化传播有限公司印刷　各地新华书店经销
2020年9月第1版　2025年11月第46次印刷
开本：880×1230　1/32　印张：6.5
字数：178千字　定价：42.80元

凡购本书，如有缺页、倒页、脱页，由本社图书营销中心调换

序言

　　提到逻辑，很多人会一脸茫然，难以叙述出它的准确定义。

　　逻辑这个词，可以指思维的规律、规则，可以指某种理论、观点、行为方式，也可以指客观事物的规律性，或者专指逻辑学。本书所讲的逻辑并不高深莫测，不是黑格尔哲学中的大逻辑、小逻辑，而是生活中推导和证明某件事情时的思维过程。

　　很多时候，我们习惯性地陷入"一厢情愿"的思维方式中，这让我们感到温暖、快乐、踏实、惬意。如果是做一场梦，幻想一个童话，这没什么不好。可若在真实的世界中，我们最好早点摒弃"一厢情愿"的思考方式，它轻则会给我们带来不便，重则会让我们陷入危险。

　　人的一生就是一个不断面临选择的过程，在这个过程中，我们难免会犯下各种各样的错误。但同样是错误，与感性认知错误及日常行为错误相比，逻辑错误却自有它的特点。行为的错位不一定来源于逻辑错误，但如果违反了思维规律，犯了逻辑错误，那必然会引发行为错误。

　　这也就意味着，如果我们能够掌握好逻辑，洞悉思维过程中各种易犯的逻辑错误，就可以有效地减少或杜绝因违反思维规律、陷入思维陷阱所犯的错误。

奥斯卡·王尔德说过："逻辑没有爱情的一半重要，但它能证明事情。"

是的，逻辑可以证明：别人对我们说的话，到底是真的，还是假的。因为世界上的很多事情，并不以我们的意志为转移；很多事物的本质和表现出来的现象，并不完全相同。在听到或看到一个观点和意见时，如果我们懂得追问：这件事是不是真的？有没有确凿的证据证明它是真的？那我们就不会轻易上当受骗，而是借助清晰的思考和理性的分析，识别出语言陷阱，拆穿谎言，辨识谬误，发现事情的真相。

真正造成伤害的，不是我们不知道的事，而是被伪装了的我们已知道的事。借由这本小书，希望每一位朋友在未来的日子里，都能远离思维陷阱，清晰而客观地思考，做出理性睿智的决策，让人生少一些曲折和弯路。

格桑

2020年3月

目录

01. "老师，我不认识孙中山" | 偷换概念

某中学的历史课堂上，老师提问一学生："你是怎样认识孙中山的？"

这位学生回答道："老师，我不认识孙中山。"

听到这个答案后，全班同学哄堂大笑，老师也是哭笑不得。

我们都知道，老师所说的"认识"，是指对孙中山这个历史人物的评价和理解；而回答问题的那个同学所说的"认识"，是指日常生活中的交往。如果后者是因为没听明白问题才这样，那么他是犯了"偷换概念"的逻辑错误；如果他是因为功课没学好而故意打马虎眼，那这就是地地道道的诡辩了。

所谓偷换概念，就是指同一思维过程中，在中途改变一个概念的内涵或外延，用一些听起来一样的概念进行偷换，把一个事物的原意用狡辩的手法换成另外一种看起来也可以成立的解释，把假的变成真的，以此来转移他人的注意力，以达到某种目的。

说得简单一点，就是有意或无意地歪曲原意。按照逻辑思维的要求，说话或论辩中的概念，都要保持统一。但由于辩论和言语在思想上具有自由性，因而说话者通常可以自己设置规则，来改变游戏的玩法。偷换概念，就是辩论者趁对方不注意，换掉了原来的说法的概念，从而导致的逻辑错误，借机蒙混过关，扰乱对方对某件事情的判断。

父亲指责儿子："你整天游手好闲，好吃懒做，以后打算怎么办？"

儿子狡辩说："您经常说，中国人民非常勤劳，我也是中国人民，我怎么会懒呢？"

父亲说的"中国人民非常勤劳"这句话里的"中国人民"，是一个集体概念，并不确指某一个中国人，而是全体中国人民的共性；儿子说的"我是中国人民"这句话里的"中国人民"是一个个体概念，即我是中国人民中的一员。尽管两个词语都是"中国人民"，但意思不一样、概念不统一，逻辑上肯定就会产生谬误。

所以，在日常生活中与人交流时，我们一定要听清楚对方在讲什么，牢记对方提到的概念，然后再跟对方明确是不是这个意思，并确定以后提到这个词时，也是同样的意思。另外，逻辑思维通常都有明确的逻辑主语，倘若对方口中的对象发生了偏移，一定要多加留意，这种情况下主语或指向对象可能正在被转移。此时，一定要跟对方明确逻辑主语，在得到对方明确的答案以后，就得给对方设置一个前提，限制概念使用的范围。

这样的话，我们就可以有效避开偷换概念的逻辑陷阱，不上诡辩家的当了。

02. "买一送一，原来是这样的啊" | 混淆概念

逛商场超市的时候，我们一定看到过"买一送一"的醒目字样，它们往往被摆放在某些促销商品的正上方。远远地看去，我们可能真的以为就是那件物品买一件送一件，然后径直奔着这个超值优惠走过去。可是，近距离一看，或询问导购后，我们高涨的心情瞬间下跌了一半：人家说的买一送一，和你想得完全不一样！

· 买一条裤子，原来只是送一双袜子。

· 买一桶花生油，原来只送一个漏斗。

· 买两支牙膏，原来只送一个刷牙杯。

· 买一套房子，原来只送一盒老婆饼。

……

商家打出"买一送一"的广告，为的就是吸引消费者的眼球，而这个"买一送一"的词语中，就包含着混淆概念的问题。所谓混淆概念，就是指在同一逻辑思维过程中，把不同的概念当成同一概念来使用，或将一些表面相似的不同概念当成同一概念来使用而犯的逻辑错误。

《韩非子》中有一则关于"卜子之妻"的故事。

郑县人卜子让妻子给他做裤子。妻子问他："现在你要做的裤子是什么样的？"

卜子说："像我（穿）的裤子。"

结果，妻子毁了新裤子，把它改成了旧裤子。

这个令人啼笑皆非的故事，就牵涉到了概念混淆的问题。

很多时候，我们对于比较接近的事物和现象的概念，在内涵和外延上存在辨别障碍，因而很容易被迷惑。想要避免概念混淆，就要准确地把握所使用的概念的内涵与外延，注意对同音异义和近义词进行区分和辨别。只有严格区分易混淆的概念，并结合真实的情境和语境，才能少犯概念混淆的逻辑错误。

03. "你说的千里马，明明就是蛤蟆嘛"｜模糊概念

你一定听过这句话："世有伯乐，然后有千里马。"

伯乐是何许人呢？他是春秋时期有名的相马之人，本名叫孙伯。

相传，伯乐有了儿子之后，很想把自己相马的本领传承下去，为此每天潜心教诲儿子。很快，儿子长大了，伯乐认为儿子可以出师了，就让他去寻找千里马。

临行前，儿子问了伯乐一句："到底什么是千里马呢？"

伯乐笑答："脊骨弯曲，额头隆起，眼睛突出，善叫会跳。"

儿子牢记这16个字，背着行囊出发了。

一年过去了，伯乐的儿子走访了许多名胜古迹，却始终没有寻到父亲说的千里马。一个夏日的夜晚，因为走得太累了，又没有地方能住宿，伯乐的儿子就在荷塘边的亭子里休息。荷塘边传出蛤蟆的叫声，伯乐的儿子定睛一看，喜出望外："简直就是，踏破铁鞋无觅处，得来全不费工夫！"然后，他就捧起了一只蛤蟆，开始回乡之路。

到家后，儿子忍不住把蛤蟆拿到伯乐面前："父亲您看，这就是我找到的千里马，它完全符合您说的——脊骨弯曲，额头隆起，眼睛突出，善叫会跳。"

伯乐见此情景，不知该哭还是该笑。

为什么伯乐的儿子会把蛤蟆当成千里马？这跟伯乐的表述有关，他没有准确地描述"千里马"的范围，只是强调了"千里马"

的外形和特点。在没有充分了解概念的情况下，伯乐的儿子就犯了模糊概念的错误。

在思维过程中，人们所提及的概念都应当有准确的范围和含义，概念之间也要有确切的关系。所谓模糊概念，就是指对象性质、范围和相互关系不确定、不明朗的现象。

通常，一个人的身高、体重、收入等，这些概念都有明确的范围，但如果用这样的话语来描述，如"这个人挺高的""这个人挺重的""这个人收入中等水平"，就是模糊的表述，因为到最后我们也不知道这个人究竟是多高、究竟有多重、收入是高还是低。特别是最后的一个问题，不同国家、地域的经济情况都不一样，收入高低的概念就更难以衡量了。

正因为此，在听别人讲话时，我们一定要仔细辨别那些有相对含义的概念，并根据这些概念进一步提问，以免出错。当然了，光听得懂还不够，我们还得学会清晰表达。当我们要表达一个观点、描述一件事物时，尽可能秉持"简单原则"，摒弃抽象的描述，简化语言的枝叶，把要表达的事实言简意赅地说出来。这样的话，听者就不至于一头雾水了。

04. "所有的天鹅都应该是白色的" | 归纳谬误

有一只火鸡很喜欢归纳，当它发现主人第一次给它喂食是上午9点钟时，并没有急着下结论，而是继续细心观察。火鸡留意主人每一次给它喂食的时间，包括晴天、阴天、雨天、雪天等不同的天气下，想在主人给它喂食的时间上找出一些规律。

经过一段时间的观察，火鸡发现：无论什么天气，主人都会准时在上午9点钟给它喂食。于是，火鸡果断地做出结论：主人每天上午9点钟给我喂食。当它做出这个结论后不久，圣诞节来临了，它怎么也没有想到，主人在圣诞节这天上午9点钟，把它杀了。

这是英国哲学家罗素举的一个例子，他想借助这个小故事阐述归纳谬误的问题：无论归纳了多少种事例，归纳的结论始终是充满不确定性的，只要出现了一个反面的例子，归纳的结论就会被推翻。

生活中经常会出现归纳谬误的逻辑错误，有些人在收集了一些事例后，发现这些事例可以总结出一个结论，然后就武断地做出结论，并坚信自己的结论是对的，不知不觉地陷入偏执之中。

最常见的例子就是，某些女性在遭遇婚恋挫折，特别是遭遇了男性的情感背叛时，就会宣称："男人没有一个好东西。"这一结论，确实是根据这些女性自身的见闻或亲身经历得出来的，但并不能代表全部。如果总是用这样的归纳谬误去跟另一半争辩，很容易火上浇油，招来对方的反唇相讥，给自己增加伤害。

归纳法的确能帮助我们处理不少问题，但客观世界是很复杂的，我们的认知层次受限，过去的规律和经验不一定能够帮我们解决当下的困境。这就好比，在人们于澳大利亚发现黑天鹅之前，一直都认为，所有的天鹅都应该是白色的。

　　我们需要归纳法，但我们更要明晰一点：有限归纳存在谬误的可能，这就是风险的根本所在。我们要秉持一份质疑精神，因为所有确信都只是暂时的，一旦对某些事物产生路径依赖，或是"想当然"，就可能面临失误。

05. "为什么总会有人将错就错" | 协和谬误

●●

　　有个年轻人在一家健身俱乐部办了会员卡，准备在未来一年内好好锻炼身体。遗憾的是，就在办卡后不久，他被查出患了某种疾病，医生告诫他：治疗期间要静养，不能剧烈运动。这个病属于慢性疾病，治疗期限比较长，大概需要一年。这就意味着，他在接下来的一年里，都不能去健身俱乐部锻炼了。

　　怎么办？刚刚在俱乐部办的卡，还没有消费呢！年轻人立刻去了俱乐部与之协商，但被告知因为是以活动价格办的卡，不能退卡或转让。如果这一年里，他不来俱乐部健身，这张卡就相当于废了。年轻人越想越不甘，最后竟然不顾医生的建议，毅然地选择去俱乐部健身，还安慰自己说：我不做剧烈的运动就是了。

　　试问：年轻人难道不知道带病锻炼对身体的损害是巨大的吗？不，他当然知道，所以他才会安慰自己说，不做剧烈的运动。如若不然，他就要白白浪费这笔会员费，这是他最难以接受的现实。

　　实际上，这个年轻人面临的困境，在逻辑学上被称为"协和谬误"。所谓协和谬误，是指在某件事情上投入了一定成本，进行到一定程度后，发现这件事不适宜再继续下去，但因为不舍得之前投入的金钱、时间、精力等沉没成本，从而选择将错就错，造成更大的损失。

　　面对这样的困境，真正理性的选择是什么呢？

很简单，果断地抛弃沉没成本，带着痛苦转身。如果不止损，继续投入，可能会有柳暗花明的那一天，但概率极小，不是所有的事情坚持到最后都有好结果。很多时候，我们要敢于认赔服输、半途而废，从沉没成本中抽身出来，这样才能拥有新的开始，而不是在协和谬误的沼泽里苦苦挣扎。

06. "上不了好学校，将来就会学坏吗" | 滑坡谬误

印度电影《起跑线》，讲述的是依靠着自己的努力上升为中产阶级的拉吉夫妇，为了让孩子接受好的教育而四处奔忙，由此引发的一连串故事。

剧中，拉吉的妻子米图，不愿意让孩子重复他们年少时的读书经历，一心想让孩子远离他们曾经受教育的学校，每次丈夫拉吉对孩子上学的问题发表与她不一致的言论时，米图就会抓狂，哭丧着脸，周而复始地开始那一段经典的碎碎念：

"孩子上不了好的幼儿园，就进不了好的中学；进不了好的中学，就没法考上好的大学；考不上好的大学，就不能进入跨国公司找一份好工作……这样孩子就会被同伴撇下，那孩子就会崩溃，最后孩子就会学坏，然后吸毒……"

每每听到"吸毒"这样的结局，拉吉就被妻子吓得不行，赶紧认同她的想法。然而，屏幕对面的我们，却是哭笑不得：这位女主角把中产阶级为子女上学之事展现出的焦虑，以及她那糟糕至极的信念，演绎得淋漓尽致。搞笑之余，也十分令人感慨。

我们都知道，就算孩子上不了好的幼儿园，最后的结果并不一定就是学坏加吸毒。女主角米图这一连串的碎碎念，其实就是犯了逻辑上的"滑坡谬误"。

所谓滑坡谬误，就是指不合理地使用一连串的因果关系，将

"可能性"转化为"必然性",以达到某种意欲之结论。

滑坡谬误的典型形式就是:如果发生A,接着就会发生B,再接着就会发生C,然后又会发生D……接下来就会发生Z。从一个看似无害的前提或起点A开始,一小步一小步地转移到不可能的极端情况Z。之所以这样推论,为的就是明示或暗示:"Z不应该发生,所以我们不能允许A发生。"

上述这种情况,之所以会构成谬误,并不是因为支撑论证的因果链条太长——事实上也存在这样的情况,就是一连串的复杂因果相互关联,从第一个原因出发得到了极端的结果,蝴蝶效应就是一个典型案例——而是在于,每个"坡"的因果强度是不一样的,有些因果关系只是可能,而不是必然;且有些因果关系很微弱,甚至是未知的、缺乏证据的。即使A真的发生了,也无法一路滑到Z,Z并非必然发生。

所以,在没有足够的证据之前,不要认定极端的结果必然会发生。

07. "我就不信我赢不了" ｜赌徒谬误

曾有人邀请40位博士参加一个实验，实验过程很简单，就是让他们玩100局简单的电脑游戏。在这个游戏中，他们赢的概率是60%。设计实验的人员给他们每人1万元，并告诉他们，每次喜欢赌多少就赌多少。当然，没有一个博士知道资金管理对这个游戏的重要性，也就是赌注大小的影响等。

在这些博士中，最后有几个人赚了钱呢？很遗憾，40位参加实验的博士，只有2个人在游戏结束后，剩下的钱比原来的1万元要多，也就是5%的比例。其实，如果他们每次都以固定的100元下注的话，他们最后能够在结束时拥有1.2万元。

为什么会出现这样的情况呢？实验人员总结发现，这些被试者倾向于在不利的情况下下更多的赌注，而在有利的情况下下更少的赌注。

假定前三局下赌注他们都输了，且每次下的赌注都是1000元，那么他们手里的钱就减少到了7000元。他们会认为："既然已经连续输了三局，且有60%概率可以赢，那这一次就是赢的机会。"结果，他们下了4000元的赌注，却又一次遭受了损失。然后，他们的赌注就只剩下3000元了，再想把钱赚回来，几乎就不可能了。

尽管这是一个实验，但我们看得出来，它与现实中的赌徒心理如出一辙。所以，上述实验人员所犯的这种逻辑错误，也被称为赌徒谬误。

这是一种不合理的逻辑推理，即错误地认为随机序列中一个事件发生的概率，与之前发生的事件有关，即其发生的概率会随着之前没有发生该事件的次数而增加。简单来说，就是认为一系列事件间，在某种程度上隐含了相关的关系。

我们可以通过抛硬币的方式来对赌徒谬误进行分析。抛一枚硬币，正面朝上的概率是50%，也就是1/2。然而，犯赌徒谬误的人会认为：

第1次是正面时，第2次还是的概率是50%×50%＝25%，即1/4；

前2次是正面时，第3次还是的概率是50%×50%×50%＝12.5%，即1/8。

以此类推，之前连续抛出正面越多，再出现正面概率越小。

这个推理看起来严谨可信，但它在论证步骤上犯了错误。有一个客观事实是不变的，即每次抛硬币抛出正反面的概率，永远都是各占50%。抛出正反面的概率，不会因为抛硬币次数的增加而发生任何改变。即便连续抛出了5次正面，在第6次抛硬币时，抛出正反面的概率依然是各占50%。

读懂了赌徒谬误，可以让我们更理性地生活。尽管我们都渴望在最大程度上做出最佳的决策，但切忌根据前面的事件状况去推断后面的事件结果。痴迷于计算概率，痴迷于主观上过度自信的判断，都可能会招致失败；学会独立地看待每一件事发生的概率，才是正向的思考。

08. "贫穷和疾病不是偷窃的理由" | 诉诸怜悯

2019年3月，网络上报道了这样一则新闻：母亲偷1.8万元为病儿筹钱。

事情的原委是这样的：一个8岁的男孩患有神经母细胞瘤，因没有钱治病，其母竟把手伸向了儿童医院的病人家属，盗窃1.8万元后被警方抓获。孩子的父亲在接受采访时，向记者表示：贫穷和疾病都不是妻子伸手盗窃的理由，他希望向受害者道歉。

据了解，这个家庭原本就不富裕，为了给孩子治病，已经借了不少钱，可谓是雪上加霜。多数人都很同情这个家庭的不幸遭遇，但就像孩子父亲所说，即便事出有因，但法不容情。

在现实生活中，我们经常会看到与之相似的例子。比如，警察问嫌疑人："你为什么要在公交车上偷东西？"嫌疑人会解释说："我刚从外地过来，钱包丢了，身无分文，不得已才偷东西。"我们都知道，这样的解释在法律面前是行不通的，但嫌疑人为什么要这样说呢？

实际上，这就牵涉到"诉诸怜悯"的问题。

所谓"诉诸怜悯"，是指在论证某一论题时，不正面对论题加以论证，而是利用受众对弱者的怜悯心理，诉说某人可怜、凄惨的遭遇或境况，从而激起人们的恻隐之心。诉诸怜悯把论证完全建立在情感之上，试图以此让别人接受自己的观点，这一行为看起来挺有道理，但我们要知道，诉诸怜悯是一种逻辑谬误，它的论据和结论之间没有逻辑相关。结论的真与假，与某人的不幸境况，不存在必然联系。人类的同情心，不是支持论断的逻辑理由。

数年前，沈阳某商贩与妻子在马路上违法摆摊，被沈阳市城管执法人员查处。在勤务室接受处罚时，该商贩情绪激动，与执法人员发生争执，最后将两名城管队员刺死，后又重伤一人。最后，该商贩因故意杀人罪被判处死刑。然而，在该商贩被执行死刑后，网络上却掀起了一片舆论，甚至有人将其称为"冤死的英雄"。

一个违法犯罪者博得了多人的同情，而因执行公务死亡和受伤的城管，却无人同情。实际上，这也是因为很多人被同情心蒙蔽了理智，把所有的关注点都放在"小商贩是弱势群体，而城管是强势群体"上，而忽略了事实本身，也忽视了文明社会的底线：任何时候，暴力都不值得被提倡。

人人都有恻隐之心，但情归情，法归法，两者不能混为一谈。我们可以同情弱者，同情他们的处境，但我们不能同情和纵容违法者。一个理智的人，不能用逻辑谬误去代替理性思考，更不能被情绪左右而丧失客观的分析与判断。

09. "多数人认为对的，不一定是真理" | 诉诸大众

英国哲学家贝克莱说过一句话："多数人承认的就是真实的，多数人不承认的就是错觉。"

尽管这位哲学家曾经名噪一时，但他说的这句话，明显犯了"诉诸大众"的逻辑谬误。所谓诉诸大众，就是在论证一个观点时，不是阐述支持论点的论据及论据与论点之间的因果关系，而是以该论点得到了多数人的赞同为正确的理由。

诉诸大众最典型的表现形式就是：因为多数人都认为它是对的，所以它是对的。严格来说，这根本不是逻辑推理，而是利用了人们的不自信、盲从等弱点，从而对人们的心理起到操控和迷惑作用。这种操控发挥作用的心理支撑，恰恰就是从众心理。

1951年，美国心理学家阿希设计了一个实验：他把大学生被试进行分组，每组7人，在同一个房间依次回答一个简单的问题。实际上，每组的前6个人都是实验人员，真正的被试对象只有第7个人。实验在多组人中进行，前面回答的6个人，故意选择同一个错误答案，以此来测试第7个被试者的反应。

结果发现，在这些真正的被试者中，至少有75%的人，有一次错误的从众选择；有5%的人，从头至尾都选择了错误的答案；只有25%的人，一直坚持自己的选择。

实验的测试题是非常简单的，且被试者都是大学生，但测试的

结果令人瞠目。倘若题目的难度再大一些，倘若被试者是素质参差不齐的群体，情况又会如何呢?

人们总是倾向于让自己的观点得到多数人的认同。反之，多数人都认同的观点，也会对个体的判断产生压力。但上述的实验告诉我们，在从众心理驱使下的多数人的意见，无法作为是非判断的标准，也无法作为论证某个论点的论据。

一个观点正确与否，与多少人赞同它、多少人反对它，没有必然的因果关系。正因为此，我们在生活中才要避免轻信谣传、以讹传讹，要找到论据和论点之间的因果联系，再去下结论。毕竟，真理的标准是实践，而不是人数的多少。

10. "我一直躺着看书，也没有近视" | 诉诸个体

生活中，你一定碰到过这样的人——

当你提到，长期吃高热量、低营养的油炸食品，容易引发肥胖、"三高"等慢性疾病时，他会告诉你："我早饭经常吃油条、馄饨，身体不也好好的嘛！"

当你提到吸烟有害健康的科学结论时，他又反驳说："我爷爷吸了一辈子的烟，可他很长寿，活到了89岁。"

当你提到，青少年躺着看书会影响视力时，他又不同意："我小时候一直躺着看书，可也没有变成近视眼啊！"

这种人就像是网络上常说的"杠精"，当你指出一条科学结论，他总会找一些事例去反驳你。实际上，这是诉诸个体的谬误。

在论证的过程中，仅仅根据个案做出结论，或者以个人经验、个人观察、单个事件为依据来进行论证，根本没有考虑到，前提与结论之间没有必然的联系。个人经验是有局限性的，单个事例也可能存在特殊因素，根本不能作为普遍性的材料用于论证。

下一次，如果还有人这样说，不妨直接告诉他：你这是诉诸个体的谬误！

11. "经验这个东西，并非都那么可靠" | 诉诸经验

我们经常会听到这样的论调："经验是前人从无数经历中总结出来的，依靠经验，能少走许多弯路。"对此，不少人深信不疑，并循规蹈矩地按照经验办事。诚然，在某些事情上，他们的确绕开了一些弯路，但问题是，经验这个东西，真的是放之四海而皆准吗？

心理学家曾经做过一个实验：把5只猴子关在一个笼子里，笼子上挂着一串香蕉。实验人员安装了自动装置，一旦猴子碰到了香蕉，就会有水喷洒下来。5只猴子看到香蕉，纷纷跑过去拿，结果每只猴子都被浇了冷水。于是，猴子们意识到，这个香蕉是不能碰的。

接下来，实验人员又把一只新猴子放进笼子。新猴子看到香蕉后，本能地想要去拿，结果遭到了另外5只猴子的痛打。因为先前的经验告诉5只猴子：香蕉不能碰，如果新猴子碰了香蕉，它们都要被浇冷水。所以，它们强烈阻止新猴子去碰香蕉。新猴子遭到了痛打，自然也就不敢再去碰香蕉了。

后来，实验人员把喷水的自动装置卸掉了，碰香蕉不会再被浇冷水。可是，由于之前经验的误导，猴子们还是认为香蕉不能碰，哪怕被饿得很难受，也不敢去碰香蕉。虽然，此时的香蕉已经是"安全"的了。

这个实验说明，经验不一定都是可靠的，盲目地信从经验，可能会故步自封。在生活中，如果总是把经验作为论据，当成解释事物的

出发点，或是分析事物的基础，就会陷入诉诸经验的逻辑谬误中。

生活中有许多这样的例子，比如，当儿女的观念与父母发生冲突时，父母往往会说："我走过的桥，比你走过的路还多。"言外之意，就是"我有经验，我有体会，你听我的不会错"。这就是典型的诉诸经验。年龄并不是判断是非对错的标准，观点正确与否与年龄大小、经历多少没有直接的因果关系，而是要看论据、论证是否符合逻辑。

对待经验，我们要一分为二来看，既要吸收其合理的部分，也要辨别其不合理的部分。在处理问题时，要具体问题具体分析，不能在经验上画地为牢。

12. "没人能证明你是对的，所以别跟我争辩" | 诉诸无知

编撰于19世纪的一部百科全书里，曾经有这样的一段描述："太阳系一定在少于100万年前形成，因为就算太阳只是由煤和氧组成，以太阳释放能量的速度，在这段时间内燃料必然会耗尽。"

百科全书得出的这一结论，是基于当时没有发现比煤更有效率的燃料的情况。现在看来，这一结论明显是错误的。在20世纪发现了辐射与核聚变反应后，太阳的年龄被估算为数十亿年。

19世纪的那部百科全书，之所以会得出那个错误结论，就在于它犯了诉诸无知的逻辑谬误。所谓诉诸无知，就是指断定一件事情是正确的，只因为它未被证明是错误的；断定一件事情是错误的，正因为它未被证明是正确的。

放眼望去，这样的逻辑谬误，充斥在我们生活的各个角落：

· "你不能证明你的观点是对的，所以别跟我争辩。"

· "没有人能证明外星人存在，所以外星人一定不存在。"

· "你拿不出证据证明1＋1＝2，就说明1＋1＝2是错的。"

……

只是因为没有强有力的证据去证明或反证，就认定某一观点是对的或错的，这就是诉诸无知的诡辩，也是很多阴谋论者的逻辑。这里的问题就在于，利用无知来支持某个主张，即使自身的知识程

度根本无法证明这个主张的虚实。

我们都知道，人类的认识是有限的，要证明一个事物的存在是非常困难的，更别说去证明那些我们根本没有听过、见过的事物。退一步说，就算是亲眼见过，也需要提供丰富的记录和证据才可以证明。

面对诉诸无知的诡辩，可以采用"以其人之道还治其人之身"的方式来回应。

当对方强调"你无法证明你是对的，所以不要跟我争辩"时，你可以反问："照你这么说，我无法证明你没有偷窃，就表明你偷窃了呗？"

当你用同样的逻辑谬误去反驳，对方也就无法再狡辩了。因为，诉诸无知从一开始就是错的，从一个错误的观点出发，根本无法推出一个正确的观点。

13. "请你相信我，那只是一个例外" | 诉诸规则以外

张三终日游手好闲，自甘堕落，父母苦口婆心地劝了他很久，却没什么效用。张三不上班，不赚钱，自然就入不敷出。无奈之下，张三就开始向周围的朋友借钱。

张三："能借给我1000块钱吗？我过一个月就还给你。"

朋友："听说你从××那边借的钱还没有还，有这回事吗？"

张三："噢……是有这么回事。不过，请你相信我，那只是一个例外。你知道，我一直都是个守信的人，我借你的东西从来都是准时还的，上大学那会儿……"

朋友："不好意思，我最近手头也有点儿紧，没办法借你，你再问问别人吧！"

请留意张三说的这句话——"噢……是有这么回事，不过，请你相信我，那只是一个例外……"他的意思是说，自己的确借了其他人的钱没有还，但那只是例外，不代表他是个不守信用的人。其实，这就是诉诸规则以外的谬误。

规则与例外，原本就是对立的。规则就是规则，例外就是破坏规则，破坏了规则就要付出代价。张三借了其他人的钱不还，这就是违反守信规则，他要承受的代价就是失去个人的声誉，失去朋友的信任。既违反了规则，又不付出代价，这种相互对立的情况是不可能同时存在的。

14. "如果做不到完美，就干脆不要做"｜诉诸完美

回想一下，你是否曾经被这样的念头困扰过："如果一件事情没有办法做到完美，那就干脆不做好了。"然后，这件事情就真的被搁置了，你再也没有尝试过去做它。

这样的思维方式与处理事情的方法，有没有什么问题呢？

当然有！多数人不知道，这其实是诉诸完美的逻辑谬误。总觉得不完美的事情是不能做的，要做就要做到完美，这种思考逻辑导致的结果，往往就是无限拖延，错过大量良机，甚至最终一事无成。

在美国南北战争时期，被誉为"小拿破仑"的乔治·麦克莱伦在掌控北方联军后，由于作战思想保守，凡事追求完美，多次贻误战机。最典型的一次是在1862年，他原本有机会从罗伯特·E.李手里夺回里士满。当时，北方联军的另一支部队正在对罗伯特·E.李进行夹击，只要麦克莱伦率兵出击，完全能将对方的军队一举摧毁。

遗憾的是，麦克莱伦却犯了诉诸完美的逻辑谬误。他认为，这个战机不够完美，风险比较大，于是选择了放弃。而就在同年，安提坦战役前后，麦克莱伦再次犯了同样的错误，因过分追求完美，他又错过了对罗伯特·E.李的军队进行打击的有利战势。

谁也无法保证，做一件事可以万无一失，达到预期的完美结果。但我们不能因为达不到完美，就放弃尝试和努力。很多时候，机不可失，时不再来。况且，任何事情只有先去做了，才有实现完美的可能。

15. "我只是偷了东西，又没有伤人" | 诉诸最差

《三国志·蜀书·先主传》里有一句话："勿以恶小而为之，勿以善小而不为。"

意思是说，不要因为是较小的坏事就去做，不要以为是较小的好事就不去做。毕竟，小善也是善，小恶亦是恶。小善积多了就可能成为利天下的大善，小恶积多了也足以祸国殃民。

然而，在现实生活中，我们却经常看到与之相反的情景，并听到类似这样的辩驳：

· "我就是偷了东西，又没有伤人！"

· "我就是踹了那只猫一脚，它不过是只动物，又不是人。"

· "我就是打了她几下，又没有把她弄伤。"

……

依照他们的逻辑，自己做的事情只是小恶，这样的行为不是最差的，还有更糟糕的情况，所以就可以忽略不计，就可以得到原谅，免除责任。这样的逻辑简直可笑至极，因为他们全都犯了"诉诸最差"的谬误。

作恶与没作恶，是根本性质的问题；大恶与小恶，是严重程度的问题。

诡辩者称，自己做的只是小恶，所以应该被原谅，这是典型的避重就轻。况且，大恶与小恶、大错与小错、较差与最差，都是比

较之后的产物，有比较才有"最"的结论，如果任何事情都以"这不是最差"来诡辩，那么世间所有的行为都能够找到更加糟糕的比较对象。

　　按照这样的逻辑诡辩下去，世间所有的恶行在诉诸最差的情况之下，岂不是都变得可原谅、可饶恕了？这显然是无理的狡辩，简直就是无稽之谈。

16. "如果你不相信，我说了也没用" | 诉诸信心

生活中，你有没有过这样的经历？想跟某个人说点什么，但不是直奔主题，而是先向对方抛出一个疑问："你相信我吗？"看到对方诚恳地点了头，你才有勇气继续往下说，并解释道："如果你不相信我，我说了也没用，说了也没意义。"

为什么要说这样一段开场白呢？多半是因为，如果对方不相信我们，我们会觉得自己内心的感受无法被理解。这种心理是人之常情，特别是在陷入悲痛的境遇下，我们更是希望得到他人的信任和理解。

这种看似很平常，也无关紧要的情形，从逻辑学上来讲，其实是存在谬误的，那就是诉诸信心。所谓诉诸信心，就是指将信心作为论据的根基，而不是依仗逻辑或证据支持。

诉诸信心有两个误区：其一是以他人对自己的信心为论据，这是一种诉诸非理性的论证方式；其二是为了让别人相信自己，先拿出有力的证据，取得别人的信任，继而为自己赢得信心，这是一种颠倒的因果关系。

为什么我们要把诉诸信心这一逻辑谬误，特意拿出来讲呢？原因就在于，它在生活中太常见，且太容易引发矛盾和争吵了！不信的话，请看看下面这段对话是否似曾相识。

"我现在心里特别烦，谁也无法理解我。"

"你怎么了？跟我说说。"

"你相信我吗？相信我说的话吗？"

"我都不知道你要说什么，怎么回答你呀？"

"算了，你不相信我，我说了也没用！"

"我不是不相信你，我得先听听你说的事情，才能做出判断。"

"你为什么不能先相信我呢？你要不相信我，怎么可能明白我的心情？"

……

后面的对话，可能还会持续很久，甚至在最后说完事情的经过，对方提出了一些正常的疑问后，倾诉者又折回到最初的话题："你这么问，是不是不相信我？""如果你不相信我，就没办法体会我的心情……"然后，再次诉诸信心。

这样的诉诸信心，实在劳神又费力，且对增强信任没有任何实质的帮助。毕竟，一个人对另一个人的信任，不是建立在"我和你感情好"的基础上，而是建立在事实论据的基础上。

要想让别人信任自己，与其反复地诉诸信心，不如多说一点诉诸真实的论据。倘若没有真实的论据做基础，说什么都是苍白的。

17. "卧室里放这个，全家得癌症" | 诉诸恐惧

齐国有一个长相奇丑的女子，人称无盐。

一日，无盐求见齐王。齐王见她丑陋异常，故意说道："我宫里的嫔妃已经备齐，你想到我宫中，试问你有什么特殊的才能？"

无盐很坦然地答道："我没有什么特殊才能，只是懂一点隐语之术。"说完，她举目裂齿，挥了四下手，拍着膝盖，先后喊了四句："危险了！"见此情形，齐王和大臣们都被吓了一跳，同时又很好奇，想知道无盐这隐语之术到底有什么绝妙之处。

在齐王的追问下，无盐解释说："刚刚，我举目是在替大王观望烽火的动向，我裂齿是替大王惩罚那些不听劝谏的人，我挥手是为大王赶走奸佞之徒，我拍膝是要拆除专供大王娱乐的渐台。"

听完无盐的解释，齐王又追问："那你喊四句'危险了'，又是何意？"

无盐说："大王您统治齐国，西有强秦之患，南有强楚之敌，大王又爱奉承之徒，这是危险之一；大王大兴土木，高建渐台，聚敛大量的财富珠宝，百姓苦不堪言，怨声载道，这是危险之二；贤明之士躲在山林，奸邪之人立于朝廷，欲规劝者见不到您，这是危险之三；大王终日设宴游乐，外不修诸侯之礼，内不关心朝政，这是危险之四。"

齐王听了无盐的话，意识到自己的问题，不寒而栗。而后，齐

王长叹一声："无盐的批判太深刻了，我的确处于危险之地。"之后，齐王纳无盐为后。在无盐的辅佐下，齐王一改往日的懒怠，把齐国治理得井然有序。

恐惧是人类最原始的情感之一，也是人类生存的一种直觉反应。当人类感到恐惧的时候，经常会做出一些可怕的或不寻常的事情。恰恰是由于这种天性，恐惧经常被一些诡辩者利用，以此强化自己的观点，这就是诉诸恐惧。

不过，诉诸恐惧是一种逻辑谬误，是利用威胁和恐吓，迫使别人屈服于自己的观点，受到自己的掌控。但诡辩者诉诸的恐惧，是否真的与事实相符，是值得怀疑的。就像无盐在劝说齐王的时候，故意用了四句"危险"，并逐条分析阐述，引起齐王的警惕和关注。虽说她分析得有些道理，可或多或少还是有危言耸听之嫌。

诉诸恐惧的说服术，重在一个"危"字，就是刻意描绘危险，让人感到恐惧，从而愿意听信诡辩者的建议，以便解除"危险"状态。诡辩者阐述的"危"，并非无中生有，而是有一定事实依据的，只是诡辩者会适当地夸大其词，渲染出令人恐惧的效果，以达到说服的目的。

下一次，如果我们在现实生活中发现有人采用诉诸恐惧的诡辩法，或是在网络看到这样的言论："这种食物比砒霜更毒，你还在吃吗""卧室里放这个，全家得癌症""如果你有孩子，不懂这一点很可能耽误孩子一生"……一定要认真思考和辨别，汲取有用的内容即可，千万不要被恐惧影响或牵制，给自己增加焦虑，或是做出违背自己意愿的、不必要的决策。

18. "你说喝酒对身体不好，你不也喝吗" | 诉诸反诘

- "你说刷手机对眼睛不好，你不是也老刷吗？"
- "你说喝酒对身体不好，你不是也喝吗？"
- "这件事要发生在你身上，你还会这么说吗？"

……

类似这样的话，你在生活中肯定经常会听到，甚至自己也经常这样说。

显然，说这些话的目的，是批驳对方的观点。然而，这里采用的批驳方式，并不是通过摆事实、讲道理去论证论题，而是通过向对方提出反诘，用对方的行为去批驳对方的观点，如"你不是也喝吗"；或者通过向对方提出反诘，把对方推向一个具体的境地，如"这件事要发生在你身上"，逼人设身处地地站在道德、情感等方面来考虑问题……在逻辑学上，这就是典型的诉诸反诘。

关于"刷手机对眼睛有害""喝酒对身体不好"这两个观点，需要从两种行为是否对人的身体健康造成危害来进行分析和论证，如：手机屏幕发出的蓝光对视力有什么影响？酒精对人的神经中枢系统有哪些影响？诸如此类。这才是有理有据的论证。

我们不能因为有人刷手机、喝酒，就否定两种行为是无害的。这就好比，世界上真的有人吸毒，但我们不能证明吸毒无害。同时，我们也不能因为对方有喝酒的行为，就否定"喝酒对身体不

好"的观点。对方喝不喝酒，与喝酒对身体好不好之间，没有必然的逻辑关系。

言行不一，是伦理方面的问题，与逻辑无关。一个人的行为与观点相矛盾，不能证明他的观点一定是错的。我们可以批评某个人"言行不一"，但不能以此质疑他的逻辑。同时，当有人用诉诸反诘的谬误来批驳我们的观点时，我们也要意识到，这是一种逻辑谬误。

19. "不说话，肯定就是你弄坏的" | 诉诸沉默

这里有三组情境对话，看看是否有似曾相识之感？

情境一

A："咱家的电视机怎么不出图像了？"

B："……"

A："不说话，肯定就是你弄坏的！"

情境二

A："你懂西班牙语吗？"

B："学过几年。"

A："你能不能帮我翻译两页东西？"

B："不好意思，我手里有工作，你问问别人吧！"

A："看，心虚了吧。"

情境三

A："你打错的字，是你潜意识里想表达的东西。"

B："不一定吧，有时候一句话里有错别字，这句话是解释不通的。就算是相同的按键顺序，用不同的输入法，打出的字也不一样。所以，打错的字，未必就是潜意识里的想法。"

A："如果不是潜意识想表达的，为什么会打错？"

B："那我就不知道了。"

A："所以，打错的字，就是潜意识想表达的东西。"

看完上述的三组对话，不少朋友可能会感慨，遇到像A这样的人，真的是"气死人不偿命"。他们总是秉持这样的姿态——你不说话，就是默认了！

这就是典型的诉诸沉默，属于一种实质谬误，即由于论点的主张者没有论证该论点，从而推论该论点是假的。实际上，论点的主张者没有论证其论点，可能有多方面的原因；论点的主张者没有论证其论点的这个行为，并不能成为该论点为假的理由。

举个最简单的例子：警察审讯嫌疑犯的时候，嫌疑犯没有说话，但警察不能就此认为，嫌疑人是有罪的。因为沉默不代表有罪，嫌疑人有权保持沉默。

生活中，但愿我们都能认清这一逻辑谬误，少犯一点儿这样的错误。

20. "如果你不想被开除，就得遵守这一规则" | 诉诸势力

二十几年前，表妹就读的中学，做出了一项规定：所有的女生都必须留短发。表妹爱美，迟迟不肯剪发，结果遭到了班主任的训斥："如果你不想被开除，就得遵守这一规则。"无奈之下，表妹只好忍痛割爱，剪去了长发。不过，至今想起来，她还觉得备受伤害。

这样的霸王校规，的确令人汗颜，好在时代变迁，教育理念也在与时俱进，这样的校规在今天已经很少见到了。不过，与之相似的情形，却没有从生活中消失。

国庆节假期的前一天，老板召开会议，并在会上宣布："假期咱们只休前面四天，后三天正常上班，大家没意见吧？"

底下坐着的都是员工，面对老板提出的加班要求，很少有人会当众提出抗议，冲着老板说："十一黄金周是法定节假日，国家规定要放七天假，加班的话必须支付三倍工资。"哪怕心里有这种想法，通常也不会这么做。更多的时候，员工会异口同声地回答："没意见。"

前有表妹所在学校提出的霸王校规，后有老板提出的法定节假日缩减，他们都是以同样的姿态示人："如果不想被开除或被解雇，就得遵守学校的规则或公司的安排。"在这里，他们就是在诉诸势力，即说服别人的时候，不是通过逻辑推理证明自己的

观点，而是通过自己所拥有的势力、权力，乃至武力，迫使别人屈服。

面对这样的情况，我们该怎么做呢？是不是就得听老祖宗的忠告——"人在屋檐下，不得不低头"？这需要审时度势，根据具体情况而定。

就国庆节加班这件事而言，倘若老板和颜悦色地跟大家商量，告知近期公司业务繁忙，需要大家齐心协力、牺牲一点个人时间来成就集体的利益，那么在这样的情况下，老板就不算是诉诸势力，因为他在摆事实、讲道理，而且是为了集体的利益，属于正常的说服。

倘若老板没有交代任何的原因和理由，就提出要缩短假期，而我们已有其他安排，这时候，就可以跟老板去协商。需要注意的是，如果我们想要说"不"，就得拿出充足的理由，并且讲究说话的方式方法。

我们可以私下找到老板，诚恳地说："我想跟您商量一件事情。我很想服从公司的安排来加班，可我之前和父母商量好了，国庆节要回家一趟，看望他们。我已经一年没有回去过了，今年父亲身体也不太好，他们都很想我，我也提前一周就订好了机票，您能准我假吗？下次公司调休时，我可以把这三天补回来，或者假期后每天多加一个小时班，把这几天的工作补回来，保证不影响工作进度。"这样入情入理的理由，老板多半不会拒绝。

提出诉诸势力的这一逻辑谬误，目的就是提醒大家——"人在屋檐下，不得不低头"。但面对这种情况，我们需要审时度势，而不要不经思考就做出惯性选择。倘若过分地"低头"和"屈服"，就很容易丧失自我、丧失自尊、丧失快乐。面对无关紧要的问题，我们可以妥协，但面对影响到人生大事的问题，我们要敢于说"不"，据理力争地争取自己应有的权益。

21. "无利不早起，他这么做一定有所图" | 动机论

我们提倡，人应当具有批判性思维，多一点质疑精神，这样才不会轻易被事物的表象所迷惑，可以更加理性地看待问题，从而发现事情的真相，或看到事物的本质。然而，现实中却有不少的怀疑主义者，他们以不信任的态度面对生活中的一切，别人做任何事情，他们都会怀疑对方动机不纯、另有所图。

上海市有3名学生曾捐赠出自己攒了十几年的压岁钱，共计50多万元，设立了"青春之光爱心专项基金"。这原本是一件好事，捐款的3名学生中，年龄最大的也不过14岁，他捐的数额是25万元；他的弟弟捐赠了20万元，剩余的5万元是他的同学所捐。

做慈善事业，原本是一件好事，这种事情不分对象、形式与捐赠数额大小。可就是这样一件好事，到了某些人嘴里，却变成了"另有所图"。

有人说，这两个孩子家境殷实，这么做就是在为将来出国留学、申请世界名校做铺垫，设立基金也不过是为了给自己"贴金"，显得人格高尚。

还有人说，对于有钱的家庭来说，捐赠这点钱也不算什么，但能给孩子换一个好的前途，这就是一项值得的投资。等孩子达到了出国的目的，这个慈善事业也就终结了，所谓的专项基金更将不复存在。

更有甚者，认为孩子的父母一定是赚了昧良心的钱，心里不踏实，才以孩子的名义来做慈善，为的就是找回内心的平衡，换一种方式来救赎自我，以图心安。

中国有句古语叫"以小人之心，度君子之腹"，把这句话放在上面的处境中，真是再合适不过了。他们的这种怀疑主义，是一种典型的动机论，属于逻辑谬误。这与科学精神中强调的质疑精神，与科学家、思想家的质疑精神，有着本质的区别。

科学里的质疑都是有前提条件的，它们有充足的理由，建立在实证和理性的基础上。反观上述的这些猜测，根本没有任何的实证和理性，只是主观地、盲目地猜想他人的意图，甚至有无中生有、指鹿为马、肆意诋毁之嫌。

科学的怀疑，是以客观事实为基础，以实验和检测为手段的，合理的、有根据的怀疑。我们在生活中也要避免动机论，凡事都要讲究事实，提出的猜测和质疑也要有依据、有线索、有佐证，不能全凭主观臆断妄加揣测，这样才能做出更贴近事实的判断。

22. "这是名人说的，难道也是错的吗" | 诉诸权威

"为什么你突然迷上香水了？"

"可可·香奈儿说了，不用香水的女人没有未来。"

这样的对话、这样的情景，相信我们一定不会陌生，身边的人乃至自己，可能都做过类似的事。我们想解释一件事，往往喜欢引用名人名言，特别是各行各业的一些领袖人物的话，来支持自己的观点。原因就是，这些人本身具有强大的影响力和说服力，适当地引用以补充、充实证明论题的论据，有一定的可取价值。

但，我们需要注意的是：如果在论证的过程中，不重视收集和列举其他事实或普遍规则、规则来作为证据，那么即便是名人或权威说的话，也不一定就代表真理，因为它本身还存在局限，还应当受到逻辑与实践的拷问。

就拿上面的这番对话来说——"可可·香奈儿说了，不用香水的女人没有未来"，我们都知道，可可·香奈儿是时尚界的名人，可她说的这句话，是否能代表事实与真理呢？

诚然，香水可以为女性增添魅力，但并不是每一个成功的女性，都喜欢用香水；也不是每一个用了香水的女人，都可以借助香水的魅力获得一个美好的未来。如果仅仅凭借可可·香奈儿的那句话来支撑"不用香水的女人没有未来"这一论题，显然缺乏足够的论据。

在逻辑学中，以权威人士的只言片语为论据来肯定一个论题，或者以权威人士从未提出过某命题为论据来否定一个论题，都是诉诸权威的谬误。但因为权威具有相对性、多元性、可变性，以及时效性，所以这就提醒我们，在引用权威的时候，一定要注意以下三点。

第一，所诉诸的权威必须是论题所在领域的权威。正所谓，隔行如隔山，某一专业领域的权威，不一定对其他领域的问题也精通。倘若是文学领域的问题，引用军事领域权威的话来做论据，就不是在恰当的领域诉诸真正意义上的权威。

第二，不要诉诸"过期的"权威，要注重权威的时效性。如果忽略了时代的变革和发展，就等于是在静止地看待问题，犯了形而上学的错误。

第三，所诉诸的权威秉持的观点，要在诸多权威中间形成普遍共识。如果只是某一权威的个人意见，或者权威之间存在异议，那就不适宜将其作为论证的论据。

总之，我们要警惕诉诸权威的谬误，对权威说的话要多一些反思，少一些盲从。

23. "谎言重复一千遍，也不会变成真理" | 重复谎言

《史记·秦始皇本纪》中记载过一个"指鹿为马"的故事：

秦朝二世的时候，宰相赵高掌握了朝政大权。他担心群臣中有人不服，就想了一个办法。有一天上朝时，他牵来一只鹿，告诉秦二世说："陛下，这是我向您献的名马，一天可以走千里，一夜可以走八百里。"秦二世听后，大笑道："丞相啊，这明明是一只鹿，你却说是马，真是错得太离谱了。"

赵高辩解说："这的确是一匹马，陛下您怎么说是鹿呢？"

秦二世觉得诧异，就让文武百官来评判。大家都知道，说实话会得罪宰相，说假话又是欺君，就都默不作声。这时候，赵高手指着鹿，盯着大臣们问道："大家看看，这样身圆腿瘦、耳尖尾粗，不是马是什么？"

大臣们都畏惧赵高的势力，知道不应答不行了，就纷纷附和说是马。赵高很得意，秦二世也被弄糊涂了。明明是鹿，为什么大家都说是马呢？他心中的想法开始动摇，以为那真的就是一匹马。

听起来似乎有点儿可笑，可这样的情况，并不只是个例。

在《战国策·秦策二》中，也有一个类似的故事：曾子名叫曾参，曾经住在一个叫作"费"的地方。在那里，有个人与曾子同名同姓。有一天，那个曾参杀人了，有人就跑来告诉曾子的母亲，说曾参杀人了。曾子的母亲很淡定，说："我的儿子是绝对不会杀人

的。"说完，她就若无其事地继续织布。

没过多久，又有一个人跑来告诉曾参的母亲，说曾参杀人了。曾参的母亲心中虽有疑惑，但笃信儿子的品行，于是依旧淡定地继续织布。

没过几天，又有人跑来告诉曾子的母亲，说曾参杀人了。这一回，曾子的母亲怎么也坐不住了，心里担忧得要命，扔下织布的梭子就跑了出去。

两个不同的故事，有着如出一辙的寓意：众人的言论，往往能混淆是非。就像纳粹德国时期的宣传部部长戈培尔所说："谎言重复一千遍就是真理。"事实上，我们也看到了，谎言不需要重复一千遍，只需要重复三遍，就可能让人信以为真。这是不是有点儿诡异？不断地重复一个虚假的观点，哪怕没有进一步提供论证或支持，也可以削弱论敌的反驳。为什么会这样呢？因为，不断地重复会增加逻辑的合理性，让人误以为事实就是那样。有些说谎者会为此感到得意，认为可以用自己的伪逻辑控制别人的思想，但事实真是这样吗？谎言真的可以变成真理吗？

肯定不能！我们要警惕，这其实是一种错误的逻辑。没有进一步地阐述论点，再多的重复也跟事实无关。这种谬误不过是在诉诸心理因素，而不是诉诸理性。重复谎言的谬误是在否认事实，百般抵赖，甚至是睁着眼睛说瞎话。但谎言终究是谎言，虽能蒙蔽一时，却永远无法变成正确的逻辑。终有一天，它还是会被事实击得粉碎。

24. "开这么好的车，肯定是父母有钱" | 强制推理

当我们走在路上，看到一个年轻女孩开着一辆豪车，身边总会有这样的声音冒出来："开这么好的车，父母肯定是经商的""她这么有钱，肯定很霸道"……说这些话的人，对自己的观点深信不疑，但从逻辑学上来讲，这根本就是强制推理。

所谓强制推理，就是把不同的事物错误地勉强联系在一起，从而得出结论。看似是结论，但其实没有任何意义，完全是伪冒理论依据，歪曲事实，也就是谬误。

以上面的例子来说，"开这么好的车，父母肯定是经商的"，这两句话之间，完全没有任何的必然联系，却被说话者强行拉到一起。试问：开好车的人，父母一定都是商人吗？不一定，好车是关乎车辆品牌、价格的问题，父母做什么工作是关乎职业的问题，两者之间没有联系，是强行拼凑在一起的，得出的结论自然也是谬论。

我们在生活中要避免用强行推理的思维看待问题，比如：看到身边比自己优秀的人，就认为人家有优越的家庭背景；总觉得孩子考上了好大学，将来就一定前程似锦；等等。这些推理都是建立在不合逻辑的连接关系上的，得出的结论自然不一定是准确的。

真正理性的做法是，客观地观察和总结事物之间的关系，不掺加主观看法，不把没有逻辑关系的两件事强拉在一起。这样的话，就可以有效规避强制推理的错误了。

25. "太阳傍晚下山，是因为保姆阿姨回家了" | 因果混淆

有一个喜欢思考的孩子，注意到了这样一个现象：

每天早上，太阳都会升起，到了傍晚，就会落山，也不知道它藏到了什么地方？为了弄清楚太阳到底去了哪儿，这个孩子在每天太阳落山的时候都会盯着太阳看。可是，无论怎么观察，他依然找不到问题的答案。

后来，这个孩子又注意到了一件事，他家的保姆阿姨，也是早上出现在他家，傍晚离开，然后就不见了。孩子好奇地问："阿姨，您晚上去哪儿了？"保姆告诉他："孩子，阿姨晚上回家了。"

就这样，孩子把保姆阿姨的来去和昼夜循环联系在一起，得出了一个结论：因为保姆阿姨回家了，所以太阳也回家了。

孩子的想法颇具童真的味道，但这样的逻辑错误，不只发生在孩子的头脑中。许多成年人，也喜欢把"接连发生"的事件引为环环相扣、互为因果。实际上，这种思考问题的方式是错的，属于因果混淆。事物之间有相关性，并不能证明它们存在因果关系。有时，两者之间的因果恰恰相反，或者两者之间根本没有任何关系。

我们经常会在生活中听到或看到这样的推理：

· 研究发现，越是成功人士，睡眠时间越短。

· 研究发现，去医院越多，越容易生病。

·研究发现，儿童时期吃西蓝花越多，成年后的职业收入往往也越高。

……

事实上，这些推理都存在严重的逻辑错误，就是我们前面说的因果混淆。

照这样的说法，要是不睡觉，是不是就能变成富豪？就算生病了，也别去医院？现在赚钱少，是因为小时候吃的西蓝花太少？这里的事件之间都只是相关关系，而这种相关关系，是推理不出因果关系的！

把相关关系与因果关系混淆，是人们经常会犯的错误，也是很危险的一件事。尽管原因先于结果出现，但先于结果出现的还有许多其他因素，而其中有很多并不是引发结果的原因。我们在分析事物时，一定要谨慎，不能把巧合的相关关系视为因果关系。否则的话，就会做出错误的判断。

以后在生活中，如果有人向我们指出两件事情之间有相关性，并假设它们为因果关系，请务必记得问一句："还有没有其他原因可以解释这种关系？"

26. "挂一个鸟笼，就一定要养鸟吗" | 惯性思维

很多女性朋友喜欢买衣服，且有过这样的购物体验：

看到一件上衣正在打折，价格非常合适，就忍不住买下了。回家之后，穿着这件上衣照镜子，忽然觉得好像没有合适的裤子搭配它。怎么办？难道要把新买的衣服送人？想想又舍不得。结果，为了能搭配这件上衣，只好又去买了一条裤子。

为什么会出现这样的情况呢？其实，这就是被誉为人类无法抗拒的十大心理之一———鸟笼逻辑。有关鸟笼逻辑的故事，很多人可能都听过，我们在此简单回顾一下。

甲对乙说："如果我送你一个鸟笼，挂在你家中最显眼的地方，保证过不了多久，你就会去买一只鸟回来。"乙不信，说："养只鸟多麻烦啊，我不会做这种傻事。"

于是，甲就去买了一个漂亮的鸟笼挂在乙的家中。接下来，只要有人看见那个鸟笼，就会问乙："你的鸟什么时候死的，为什么死了啊？"不管乙怎么解释，客人还是很奇怪，如果不养鸟，挂个鸟笼干什么？最后，人们开始怀疑乙的脑子是不是出了问题，乙只好去买了一只鸟放进鸟笼里，这样总比无休止地向大家解释要简单得多。

人们在遇到某一问题时，通常都会先入为主地按照自己熟悉的某个方向或途径去联想，把自己遇到的问题纳入自己熟悉的框架内进行思维分析，从而让思维形成一种惯性。就上述的故事来说，

人们习惯性地认为，只有鸟才会生活在鸟笼里，有鸟笼就证明养过鸟。实际上，这是一种逻辑谬误。

如果一个鸟笼设计得精巧漂亮，完全可以当成一件艺术品、观赏品，未必要用它来养鸟；结婚不一定要先买房，租房过生活，或是先结婚后购房，也是一种选择……不要用惯性思维去看待生活中的很多问题，偶尔尝试着突破鸟笼逻辑，进行发散思维，也许我们就会发现鸟笼以外还有另一个世界。

27. "有其父必有其子，是不是真的呢" | 诉诸出身

你一定听过这句话："龙生龙，凤生凤，老鼠的儿子会打洞"，并且在生活中也看到过，有些子女与父母在某种能力或性格上的确存在相似性，但很多人太过"迷信"这句话了，甚至将其作为推断一个人道德、品行、能力、成就的依据，这就犯了诉诸出身的逻辑谬误。

我们可以透过两个真实的例子，详细了解一下诉诸出身的问题。

故事一：赵奢是赵国的名将，英勇善战，曾经为赵国立下了汗马功劳，深得赵王的器重。赵奢有一个儿子叫赵括。在秦国攻打赵国时，赵王就犯了一个诉诸出身的逻辑错误。他认为：虎父无犬子，有赵奢这样的父亲，赵括应该是青出于蓝而胜于蓝。

于是，赵王就下令，让赵括取代廉颇与秦军作战。赵括取代廉颇后，把廉颇的所有作战方针都做了调整。赵括求胜心切，立刻派兵出击，秦军佯装败走，赵军火速追赶。结果，赵军掉进了秦国将军白起设置的包围圈。这就是历史上有名的"长平之战"。

其实，就在赵王准备起用赵括的时候，赵括的母亲就提出过劝谏，希望赵王不要用她的儿子。然而，赵王一再坚持自己的看法。没想到，结果真的被赵括的母亲言中，赵括兵败了。

很明显，赵王是以赵奢的才能来推断其子赵括的军事才能，但这两者并不存在必然的关系。赵奢有作战才能，不能推出赵括也有相同的才干。想要知道赵括的能力，赵王应当从他的日常行为、带兵情况，以及

对兵法的掌握等技术上去考量，而不能以其出身作为论证的依据。

故事二：新东方创始人俞敏洪是农民的孩子，从小就生活在农村。高考连续考了三年，总算圆了自己的大学梦。但在北大上学期间，他却觉得自己不会有什么出息，因为长得一般，父母还都是农民，所以他内心很自卑。

那段时间，他特别郁闷，做什么都没有兴致。可后来，他换了一种方式去思考：既然我可以从一个农民的儿子奋斗成北大的学生，那我能不能从北大奋斗到更高的台阶呢？想到这里，他又找回了一些自信。

后来的故事，我们都知道了。在回首往事时，俞敏洪这样说："每个人都有对未来的期待，对未来的事业、成就和幸福的追求，在期待美好未来的同时，每个人都要避免看轻自己。看轻自己是个错误，这样的错误是不能犯的，因为人生的起点由不得你选择，你出生在什么家庭由不得你选择。"

人从出生开始，就会受到来自家庭、社会、他人等各方面的影响。这些影响很重要，但终究只是外因，而非决定性的因素，毕竟人还有主观能动性。

综上所述，出身不能代表一个人的品行和能力，出身也无法决定一个人的命运和前途，在筛选人才、评价他人和自我时，我们切记不要犯诉诸出身的谬误。

28. "我的鸡蛋是臭的？你才是臭的呢"｜诉诸人身

德国哲学家黑格尔曾经讲过这样一个故事：

在农贸市场上，有一个女商贩正在卖鸡蛋。一位女顾客挑选鸡蛋后，觉得鸡蛋不太好，就抱怨了一句："你这个鸡蛋怎么是臭的呀？"说完就准备离开，再去别家看看。

没想到，这句话惹怒了女商贩，女商贩大声斥责："什么？我的鸡蛋是臭的？你才是臭的呢！不只你臭，你爸爸吃了虱子，你妈妈跟法国人相好……你的帽子和漂亮的大衣，大概也是用床单做的吧？除了军官们的情人，谁会穿成你这样来出风头……"

想想看，我们的身边，是不是也发生过类似的情形？当顾客挑选一样东西，对其品质和价格提出异议时，如"料子有点薄""价格有点贵"，卖货的商贩立刻拉长了脸，用"一看你就不经常买东西""你可以去买便宜的"这种带刺的话来反驳，听了让人特别难受。他们的这种诡辩，根本不合逻辑，完全是人身攻击。

从逻辑学上讲，如果一个人在驳斥他人的观点和结论时，忽略论证本身，而故意去攻击提出该观点的人或其代表的团体，那他就犯了诉诸人身的谬误。

诉诸人身的使用门槛很低，可以说是生活中最为常见的逻辑谬误，其形式主要有两种。

· 直接性诉诸人身

这种谬误是说，某人身上存在某种积极或消极的特质，所以某人的想法就是正确的或错误的。比如："张某孝顺父母，热衷于慈善事业，所以他说的话肯定是对的。""这个人以前犯过偷窃罪，他说的话怎么能是真的呢？"

通常，一个命题或主张之所以正确，是因为它符合事实。我们是否相信某人的说法，并不能够证明某人的说法是正确或错误的。

·处境性诉诸人身

这种谬误是说，某人处在某一团体中，这个团体可能有盘根错节的利益关系，因而某人的想法就是不客观、不理性、不中立的。比如："你是企业家，你说给企业家减税是因为牵涉到你自身的利益。""你是同性恋，所以你支持同性恋婚姻合法化的主张就是错误的。""你买了甲公司的股票，当然会说甲公司的股票会涨……"

诚然，当我们考虑某人提出的主张或命题是否正确时，可以去考虑某人是否与那个主张或命题存在某种利益关系，但对方所处的处境，以及对方与某个团体的利益关系，并不能够说明某人提出的主张或命题就是错的。

在拉丁语中，人身攻击的意思是"向着人"，即反驳的观点不是针对论敌的论点，而是针对论敌本人，贬低、诽谤对方的思想主张、人格道德，甚至直接给对方贴标签、恶意谩骂。了解了这一逻辑谬误后，我们就要提醒自己：辩论某一观点时，要对事不对人；如果他人对我们进行人身攻击，不必与其争论，对这种无理的行为，拂袖而去即可。

29. "有意义就是好好活，好好活就是做有意义的事" | 循环论证

多年前，有一部军旅题材的电视剧《士兵突击》，想必不少朋友都有印象。剧中的主人公许三多，想法简单，做事认真，他经常把一句话挂在嘴边："有意义就是好好活，好好活就是做有意义的事。"

听起来似乎有那么点道理，但仔细琢磨的话，又觉得有不小的问题。

到底什么是"有意义"？许三多说："有意义就是好好活。"到底怎样才算是"好好活"呢？许三多又说："好好活就是做有意义的事。"

这就如同，我们询问一个胖子："你为什么这么胖？"他回答说："因为我吃得多。"你再问他："你为什么吃那么多？"他回答说："因为我长得胖。"

说来说去，就是同一主张换汤不换药的重复，压根就没有给出任何解释。类似这样的情况，其实是犯了逻辑学上循环论证的谬误，即用来证明论题的论据本身的真实性要依靠论题来证明的逻辑错误。比如，"鸦片能催眠"，所用的论据是"它具有催眠的力量"；而"鸦片有催眠的力量"，又得借助于"鸦片能催眠"来证明。

循环论证的谬误在于，在论证过程中，它把论证的前提当成了论证的结论，也就是所谓的"先定结论"。即先预设一个前提X，得出一个结论Y，再用结论Y去证明前提X的正确性。

18世纪苏格兰有一位知名的哲学家大卫·休谟，他在《论神迹》中用来推翻神迹的论点，经常被逻辑学家当成循环论证的典型。在《论神迹》一文中，他如是写道：

"我们可能会总结认为，基督教不仅在最初时是随着神迹而出现的，就算到了现代，任何讲理的人都不会在没有神迹之下相信基督教。只依靠理性支撑是无法说服我们相信其真实性的，而任何基于信念而接受基督教的人，必然是出于他脑海中那持续不断的神迹印象，得以抵挡他所有的认知原则，并让他相信一个跟传统和经验完全相反的结论。"

在论证的过程中，休谟提出了几个论据，且每一个论据都为"神迹只不过是一种对自然法则的违逆，就算是神迹也不能给予宗教多少理论根据"这一论点服务。基于这样的认识，在《人类理解研究》中，休谟对神迹做了定义：神迹是对基本自然法则的违逆，而这种违逆通常有着极稀少的发生概率。

由此可见，在检验神迹论点之前，休谟就已经假设了神迹的特点及自然法则，并以此为基础，开始了一段微妙的循环论证。

很多初高中的学生在一些重要的考试中，由于实在论证不出一些题目，情急之下就会预先假设结论是正确的，然后再去求证。从表面上看，他们的确是论证出来了，但其实是犯了循环论证的谬误。

需要说明一点，循环论证的论点在逻辑上是说得通的，但因为结论可能与前设完全相同，所以结论并不是其前设的推论。在论证的过程中，所有循环论证都必须假设其命题已经成立，所以循环论证本身并不能证明什么，它不过是用来回避问题的一个手段。在生活中，我们要学会辨别循环论证，避免被它蒙蔽。

30. "再逼真的稻草人，也不是真实的人" | 稻草人谬误

看到这个题目的时候，你心里可能有一个疑问：为什么要叫"稻草人谬误"？

很简单，请你思考一下，稻草人在生活中是做什么用的？通常，它被放在农田或庄稼地里，穿上人类的衣服，远远看去就像一个"真人"。放置稻草人的目的，是因为人们无法时刻守在庄稼地旁边，只好借助稻草人这个道具，来吓走飞禽走兽。

了解了"稻草人"的由来与作用，我们再去分析"稻草人谬误"，就容易多了。在辩论过程中，为反驳对方的立场，而歪曲、夸大或以其他方式曲解之，使被攻击的不是对方的真实立场，而是更容易被批判或拒绝的立场，这就是稻草人谬误。

这一谬误的过程就好比，甲想要反驳乙，就在乙的旁边故意树立起一个稻草人代表对方，然后以攻击稻草人的方式来冒充对对方的观点进行反驳。稻草人谬误，通常并不是无心之过，而是刻意歪曲对方的论点，比如下面这段对话。

甲："我并不认为孩子应该在大街上乱跑。"

乙："把小孩关起来，不让他们外出活动，呼吸新鲜空气，那真是太愚蠢了。"

甲的观点是，孩子最好不要在大街上乱跑，但乙在反驳甲的观

点时，故意曲解，树立了一个稻草人——"把小孩关起来"。要避免孩子在大街上乱跑，可以有很多方法，甲从未提过"把小孩关起来"，显然这就是乙犯的稻草人谬误。

那么，如何在生活中最大限度地避免稻草人谬误的发生呢？

这需要我们站在真实的立场去思考问题，秉持平和的心态，减少歪曲、夸大及以其他的曲解方式来攻击他人更容易被批判或拒绝的立场，一切用事实和证据说话。当有人对你声情并茂地讲起某件事或某个人时，不要被那些扭曲的、颠倒是非黑白的语言影响。要知道，吓唬飞禽走兽的那些稻草人，无论看起来多么逼真，也不是真实的人。我们要用正确的、理性的方式，去对待身边的所见所闻。

31. "骆驼挂铃铛和高塔挂铃铛，不是一回事"| 转移论题

在《艾子杂说》中，苏轼提到过这样一个故事：

有一个脑子不开窍的营丘人，平时很喜欢追着问别人问题，可对别人的讲解，又不太能明白，经常会把人问得烦躁不已。

一天，营丘人问艾子："拉大车的骆驼，为什么脖子要挂一个铃铛？"

艾子告诉他："大车和骆驼都是庞然大物，且经常在夜里赶路，怕狭路相逢，难以避让，所以就挂个铃铛，听到铃声对方就能做好让路的准备。"

营丘人点点头，又问："高塔上挂铃铛，也是为了夜里行路相互避让吗？"

艾子说："你怎么不通事理？鸟雀们都喜欢在高处建巢，把鸟粪拉得到处都是，高塔上挂铃铛，是为了借风吹响，赶跑鸟雀，这跟骆驼挂铃铛不是一回事。"

营丘人挠挠头，继续问："老鹰的尾巴上也挂了铃铛，可没有鸟雀在老鹰的尾巴上搭建巢穴呀？这又怎么解释呢？"

艾子无奈地说："你这个人真奇怪，老鹰捕捉小动物，如果不小心飞进树林里，脚被树枝绊住，只要拍拍翅膀，铃声一响，主人就能循着声音找过去，这跟高塔挂铃铛防止鸟雀筑巢怎么能是一回

事呢？"

营丘人还是不明白，又问："以前我看过出丧，前面的挽郎唱着歌，摇着铃，那时候不知道他为什么要这样做。现在我明白了，他是为了在脚被树枝绊住时，能让人尽快地找到他。"

艾子再也忍不住了，恼怒地说："那是给死人开路！死人活着的时候，喜欢跟别人瞎争论，所以死后人们摇铃，是为了让他开心！"

试想一下，如果我们在生活中遇到像营丘人这样的人物，不知得费多少口舌，生多少气。在上述的故事里，他问了艾子好几个问题，主题都是"挂铃铛是为什么"。可是，当艾子回答了一种挂铃铛的作用时，营丘人就无意识地把它理解成后一种挂铃铛也是这个用途。实际上，他已经在不知不觉中转移了论题。

挂铃铛这件事，用在不同的对象上，用途是不一样的。如果营丘人在得到第一个回答后，再转入第二个问题、第三个问题，这样的对话就符合逻辑了。但是，他不明事理，总是把前一种挂铃铛的情况跟后一种挂铃铛的情况理解为同样的作用，把不同的论题搅和在一起，这就犯了转移论题的谬误了。

所谓转移论题，就是在思维过程中，把有些联系或表面上有些相似的不同话题，当作相同的话题来使用，从而导致本来该讨论的话题得不到进一步讨论。像营丘人这样的情况，是属于典型的"不开窍"，但生活中还有一种情况，就是明知道情况是怎样的，却故意转移论题，这就是诡辩了。

明代有一位姓靳的内阁大学士，他的父亲不太出名，儿子也不太争气，但他的孙子考中了进士。这位内阁大学士经常责骂他的儿子，说儿子是不成材的东西，不知道上进。后来，儿子实在忍受不了他的责骂，就跟内阁大学士吵了起来。

当内阁大学士指责儿子不成气候时，儿子说一句："你的父亲不如我的父亲，你的儿子不如我的儿子，我有什么不成材的呢？"听完这句话，内阁大学士瞬间被逗笑了。自那以后，他就不再责骂儿子了。

我们都看得出来，内阁大学士要跟儿子辩论的是"儿子是否成材"的问题，但儿子故意把这个论题转换成了"你的父亲和我的父亲相比，你的儿子和我的儿子相比，结果如何"的问题，恰好把内阁大学士原来要辩论的问题回避了。

在生活中，为了避免犯偷换论题的错误，我们必须了解清楚自己的批判对象，认真把握批判论题的原意，不能主观武断地确定论题的原意，任意地进行批驳。

32. "刻舟求剑的楚国人，到底错在哪儿了" | 诉诸感觉

《吕氏春秋·察今》里讲到过一个"刻舟求剑"的故事：

楚国有一个人坐船渡江。船到江心，他一不小心，把随身携带的一把宝剑掉落江中。船上的人纷纷表示惋惜，但那个楚国人似乎并不着急，他胸有成竹地拿出一把小刀，在船边刻了一个记号，并向大家说："这就是我宝剑落水的地方。"

大家都不理解他为什么这样做，但也没有多问。

船靠岸后，这个楚国人立即从他刻记号的地方下水，去捞取掉落的宝剑。捞了半天，也不见宝剑的影子。他觉得很奇怪，自言自语道："我的宝剑明明就是从这里掉下去的呀，我还在这里刻了记号，怎么会找不到呢？"

至此，船上的人纷纷大笑起来，说："船一直在行进，你的宝剑却沉入了水底不动，你怎么可能找得到那把剑呢？"

这个故事我们并不陌生，"楚国人找不到宝剑"的结局也在意料之中。可问题是，为什么这个楚国人会犯如此愚蠢的错误呢？原因就在于，他忘了自己当时的处境是坐船渡河，而是根据平时在岸上的经验，以为剑在什么地方掉下去，顺着这个位置下去寻找，就一定能找到。他忽略了，随着船的移动，记号的位置与宝剑落水的位置，早已经产生了差异，而他只是根据原来的感觉经验想当然地

行事，所以才闹了笑话。

这种凭借表象与感觉经验想当然地做出判断或推理，以为感觉经验之类的东西是绝对可靠的，以其作为论据来进行论证的情况，都属于诉诸感觉的逻辑谬误。尽管经验有一定的价值，很多时候也是正确的，但经验也要经得起推敲。如果以经验代替逻辑，难免就会犯错。

战国时期的思想家列子，曾经写过一篇散文，名为《两小儿辩日》。

一日，孔子向东游历，看到两个小孩在争辩，就过去询问原因。

一个小孩说："我认为太阳刚刚升起来的时候，离人更近一些，中午的时候离人更远一些。"另一个小孩则恰恰相反，他说："太阳刚升起来时离人更远一些，中午的时候离人更近一些。"孔子听后，让两个小孩各自说一说理由。

一个小孩说："太阳刚出来时，像车盖一样大，到了中午却像一个盘子。远时看起来小，近时看起来大，这不就能证明早上离人近，中午离人远吗？"另一个小孩说："太阳刚出来时天有点儿凉，到了中午却很热，这不是近时热远时凉吗？"

听完这两个孩子的话，孔子一时间也说不出谁对谁错。

为什么孔子没办法断定这两个小孩谁是谁非呢？原因就在于，这两个孩子的结论都是以感觉经验为论据的，且这些论据都源自生活。当时的科技条件有限，孔子尚无法从科学上对太阳有更多的了解，也只能凭借生活常识来诉诸感觉，所以他无法判别哪一种说法才是正确的。

上述的典故都提醒我们，在生活中要尽可能地避免诉诸感觉。只凭狭隘的感觉经验想当然，就会陷入逻辑谬误中。很多时候，仅仅凭借感觉做出的结论，看起来似乎是合情合理的，结果却与事实大相径庭。

33. "你的假设有问题，别想误导我" | 预设谬误

生活中，有一些论证是依赖于假设的，即用那些被认为理当如此的、有力的预设或背景信念去做论证。但是，如果论证一个存在争议的信念理当如此时，它就犯了预设谬误。

所谓预设谬误，简单来说就是，假设不正当，却还通过精确的论证来表述。换言之，假设本身就是有问题的，所以结论也不成立。这一谬误包含多种形式，我们可以结合一些例子分别再来看一下。

·预设谬误形式一：争议前提

在许多有关冲突议题的日常论证中，争议前提的谬误比较常见。

前提1：在堕胎的过程中，胎儿被故意杀害了。

前提2：胎儿是无辜的人。

前提3：故意杀害一个无辜的人是谋杀。

结论：堕胎属于谋杀。

我们来看看这个例子，前提1是没有异议的，但前提2和前提3存在争议：胎儿到底是不是人呢？这是有争议的，故而不能用来作为论据，除非已有充分的理由来支持这些前提。要避免这样的谬误，我们就要保证前提不含有任何冲突的语句。

·预设谬误形式二：窃取论题

窃取论题的谬误，通常是要求听者直接接受结论，而未给出任

何真正有价值的证据，故意隐去某个重要却存在争议的假设。换句话说，如果一个论证把它着手证明的结论假定为一个前提，那它就是窃取论题。

——为什么中国人爱说谎？

显然，看到这个论题时，我们应当论证"中国人是否爱说谎"，但说话者直接把"中国人爱说谎"这个命题作为事实来提问，其后也只就"为什么"来作答，而不去论证"中国人是否爱说谎"，这就是窃取论题。

· 预设谬误形式三：复杂问句

复杂问句，是以问句预设了某些假设为真的方式来询问。这种谬误询问了一个只能够用"是"或"否"来回答的问题。当一个问句是复杂的，且掩藏着多个预设时，就必须逐个否定，不然就会导致对其他假定的肯定。

清朝时发生过这样一件事，两个差役对庞振坤说："你家养的贼，偷了这一带财主的东西，现在在衙门候审。"庞振坤一听，就知道是他之前得罪过的财主故意陷害。他想，贼应该不认识他，于是就跟着差役去了衙门。

到了街上，他向熟人要了一个纸盒，套在头上，把脸遮住，只留着两个眼睛。来到大堂上，他对县官说："家里养了贼，实在没脸见人，所以才用纸盒遮住。"

县官问贼："这就是你的主人？"

贼说："是的。我在他家已经三年了。"

这个时候，庞振坤问那贼："我庞振坤没什么名气，但我这个庞大麻子是远近闻名的。你在我家里住了三年，你说说看，我是大麻子还是小麻子？是黑麻子还是白麻子？"

贼愣了一会儿，心想，还真是个厉害的角色，我得说一个"活话"。于是，贼回答说："你这个麻子，不大不小，不黑不白。"

这时，庞振坤取下纸盒，说："县太爷，您看我脸上，哪儿有麻子？"

原来，这个贼是财主买通的一个地痞。结果，此人被判了诬陷罪。

我们看得出来，庞振坤询问贼的那一句话——"我是大麻子还是小麻子，是黑麻子还是白麻子"，就是一个复杂问句。无论对方怎么回答，都相当于承认了这一虚假的预设，即"主人脸上有麻子"。

在生活中，当有人向我们提出这种复杂问句时，一定要注意辨别其中所包含的预设的真假。因为诡辩者通常为了达到诡辩目的，会刻意制造复杂问句，诱惑我们落入他的陷阱。反之，如果我们身处需要辨别真伪的场合，也可以用复杂问句来探听虚实。

·预设谬误形式四：虚假选言

众所周知，选言是有两个命题或"选言支"的复合命题。所谓虚假选言，就是一种推理错误，会影响选言前提的论证。

当论辩者给出一个选言前提，而该前提表达了穷尽的、不相容的选言支时，我们必须判断实际情况是否是这样。

——要么所有英国大学都把项目完全转变成在线课程，要么所有英国人都将破产。

这个论证就犯了虚假选言的谬误，因为前提的假设是不可靠的。

要避免虚假选言，我们在评估一个具有选言前提的论证时，要考虑以下三点：

1.断言所提供的两个极端选言支是不是仅有的可能选择？

2.选言支是否被假设为不相容？

1和2在事实上是否为假？

如果所有的答案都为"是"，那么这个论证就犯了虚假选言的谬误。

·预设谬误形式五：例外谬误

例外谬误是削弱论证的另一种预设谬误，即当一个论证判定某个情况符合某个普遍规则或原则，但事实上这是一个例外情况时，该论证就犯了例外谬误。

假设，某人做了这样一个推理：

——狗是友好的动物。

——我的皮皮是一只狗。

——皮皮是一只友好的动物。

假设，皮皮最近咬了某人的6个朋友，以及3个陌生的路人，那我们要如何判断这个论证？通常来说，"狗是友好的动物"是真的，但这个规则对于皮皮来说并不适用，某人并没有注意到这一点，忽略了这个规则也有例外情况。所以，他的推理属于例外谬误。

在生活中，我们要如何避免例外谬误呢？

牢记一点：通常为真的原则可能并不总是真的，有时也有例外。即使是最佳的原则也有例外，并且如果一个原则被滥用，就会产生例外谬误。

34. "这样的结果很可怕，你掂量掂量" | 诉诸后果

相传，美国曾因参战需要，动员大批的年轻人入伍，但很多美国青年过惯了安逸舒适的生活，害怕战场上的危险，纷纷抵制征兵令。

为此，美国各州的行政长官很苦恼，不知该如何向上级交代。其中俄亥俄州的地方行政长官，先后被参谋长联席会议主席狠狠地训斥了五次。可即便如此，他还是表示无能为力，说自己已经尽了最大的努力，可无论如何也无法说服那些懦弱且意见纷杂的年轻人。

后来，有一位士兵毛遂自荐，说他可以帮助行政长官解决难题。俄亥俄州的行政长官半信半疑，可又没有其他的办法，就只好让这位士兵一试。

经过一番准备后，这位士兵来到了征兵现场发表演讲。他说："亲爱的朋友们，我和你们一样，都特别珍惜自己的生命。我想说的是，热爱生命是无罪的，因为每个人的生命都只有一次。摸着良心说，我也十分厌恶战争，恐惧死亡，如果要求我去前线，我也会跟大家一样，逃避这项命令。"

底下的年轻人见他说的话很"贴心"，也便安静下来，听他后续的演讲。

这位士兵继续说道："有时候，我们需要换位思考。假如，今天我处在你们的位置，我在担心参军的危险之余，还存在一种侥

幸心理，且这种侥幸不是凭空的：如果我服兵役，上前线的概率是50%，那么还有50%的概率留在后方；即使上前线，我作战的概率是50%，还有50%的概率是成为某长官的贴身勤务员，留在安全区工作；万一我不幸必须扛起枪上战场，那么我受伤的概率仍是50%；就算我不幸受伤，受重伤的概率依然是50%，还有50%的概率是受轻伤，死神不会眷顾我。所以，我有什么理由过分担心呢？"

稍作停顿之后，这位演讲者继续讲："也许你会说，万一运气不好受了重伤怎么办？我想告诉你，医生会帮助我们，从死神的手里夺回生命。当然，如果我的运气糟糕透了，不幸为国捐躯，那么我的家人会为我感到骄傲，我的父母会被授予一枚特别的勋章，还能够领取到一笔数额可观的保险金和抚恤金，邻家的孩子们会把我当成英雄一样顶礼膜拜。当我以一名勇敢的战士来到天堂时，说不定还可以见到受万人敬仰的华盛顿将军。"听完这些话，底下的年轻人受到了莫大的鼓舞，他们表示愿意赌一把。也许，他们是想成为英雄，被亲人、朋友、邻居铭记于心；也许是他们家境不好，想着万一为国捐躯，还能给家人留下一笔可观的抚恤金……不管怎样，他们真的被说服了。

这位说服了年轻人入伍的士兵，后来也得到了俄亥俄州行政长官的重用。从演讲方面说，他的确懂得换位思考的艺术，所说的话也有一定的代入感和影响力，但从逻辑学上讲，我们要把他称为"诡辩大师"。因为，他的那番精彩演讲，存在许多的逻辑谬误，话里话外都在弱化战争的危险，强调入伍的好处。

让我们看看他的逻辑谬误都藏在什么地方：

——"如果我服兵役，上前线的概率是50%，那么还有50%的概率留在后方"，这是不符合逻辑的，因为上前线的士兵与留在后方的士兵数量之比不是绝对的1∶1，上前线的士兵人数肯定比留在后方的人数多，这就意味着，上前线的概率肯定要大于50%。

——"即使上前线，我作战的概率是50%，还有50%的概率是成为某长官的贴身勤务员，留在安全区工作"，这也是一个谎言，因为上前线的士兵数量与留在后方的士兵数量不是相同的，前者的数量远大于后者，所以上前线作战的概率也会远大于50%。

由此可见，上前线作战的概率是很高的，而这也是美国政府征兵的主要目的。可在这段演讲中，"上前线作战"却被演说者弱化成了"50%的概率"，这一数据具有很大的欺骗性。另外，他所做的"不幸受伤""受重伤""为国捐躯"等假设，也都是在强调相对较好的结果，毕竟身亡后可以成为英雄，为家人留下抚恤金。

这种以讨好或不讨好的结果说服他人的方式，叫作诉诸后果，属于逻辑谬误的一种。因为，诡辩者不是通过正常的逻辑来证明自己的观点，以达到说服他人的目的，而是通过告知被说服者会有怎样的后果，以达到引诱、哄骗、威逼等目的，最终让被说服者屈服于自己的观点。

35. "我不想出国，所以没必要学英语" | 否定前件

堂弟不喜欢学英语，每次谈到英语的用途时，他都会搬出这样的一套逻辑："如果一个人想要出国，那么他就要学习英语；如果一个人不想出国，那么他就没必要学英语。我不想出国，所以没必要学英语。"

我们在生活中肯定也听过与之相似的论调，甚至我们自己偶尔也会在不经意间冒出这样的话。可不得不说，这其实是一个典型的逻辑谬误，即否定前件。

什么叫否定前件呢？在"如果……那么……"的论证结构中，"如果"的部分是前件，"那么"的部分是后件。通常来说，前件是来证明后件的，且两者不能颠倒。

以堂弟的那番话来说，"如果一个人想要出国，那么他就要学习英语"，这是一种肯定前件的推理，即"因为想要出国，所以要学习英语"。谬误的产生，往往是肯定后件，使用后件来倒推出前件；或者是否定前件，得出与后件相反的结论。

（×）肯定后件：因为他学习英语，所以他一定是想要出国。

（×）否定前件：因为我不想出国，所以没必要学英语。

从本质上说，肯定后件与否定前件是一致的，都是说话者用来混淆视听的。我们很容易就能够发现这里存在的问题：学习英语的人，一定是想要出国吗？不想出国的人，难道就没必要学习英语

吗？除出国以外，工作和旅行不也需要英语吗？抑或是，有的人就是单纯喜欢英语，也是可以去学习的。

否定前件之所以说不通，是因为它只给了事件一个原因，而这个事件通常还有很多其他的原因。然而，这个谬误自动排除了其他可能的原因。

我们可以再看下面这个例子——

"如果我吃太多，就会生病。因为我没有吃太多，所以我不会生病。"

吃太多与生病之间，有直接的关系吗？生病的原因有很多，可能是淋雨着凉了，可能是被传染了流感，还可能是突发意外，这些都可能引发疾病。

在"如果……那么……"的论证结构中，我们可以肯定前件，也可以否定后件，这都说得通。但是，肯定后件和否定前件，就会出现谬误。

以这一论证为例："如果他游得太慢，就会输掉比赛。"

（√）肯定前件："因为他游得太慢，所以他会输掉比赛。"

（√）否定后件："因为他没有输，所以他游得不是太慢。"

第一种论证方式叫"肯定前件假言推理"；第二种论证方式叫"否定后件假言推理"，这两种方式都是有效论证。但如果是下面这样的形式，就属于谬误了。

（×）肯定后件："因为他输掉了比赛，所以他游得太慢。"

（×）否定前件："因为他没有游得太慢，所以他没有输掉比赛。"

思考一下：事实真的如此吗？不尽然。

输掉比赛的原因有很多，可能是身体不舒服，无法发挥出正常的水平；也可能是遇到的对手太强，他尽力了，游得比平时都好，但结果还是输了，这都是有可能发生的。

再者，就算他没有游得太慢，也不一定就不会输掉比赛。原因同上。万一他中途腿部抽筋了呢？万一他因身体不适放弃比赛了呢？这些意外状况，也都是有可能发生的。因此，肯定后件和否定前件，都是会导致逻辑谬误的。

36. "东施效颦，为什么越闹越丑" | 机械类比

春秋末年，越国出了一位美女，名叫西施。这女子长得亭亭玉立，婀娜多姿。

一日，西施突发心痛病，胸口疼痛难忍，只见她用手按住胸口，愁眉蹙额，从村里走过。村里人见她那副表情，觉得比平时更有一种妩媚的风姿。

同村的丑女东施，听到众人赞扬西施的美貌，误以为是西施愁眉蹙额的缘故。于是，她也学着西施的模样，故意用手按住胸口，紧皱眉头，慢吞吞地从村里走过。

谁知，村里人见到她这副样子，一个个都躲得老远，或是关上大门，觉得她是丑人多作怪，谁也不愿意多看一眼。有一位不怕得罪人的老妇，当着东施的面挖苦她说："哈哈，你皱眉的时候，眉头上的皱纹更深了，捂住胸口弯着腰，就像一个老太婆。"

东施原本是想效仿西施的美，结果却遭到了一通耻笑，为什么会这样？从逻辑学上讲，东施是犯了机械类比的谬误，即仅仅根据两个或两类事物的一些表面相似的属性，就推断出它们也拥有其他相似的属性。

东施之所以越闹越丑，就是因为她只知道西施捂住胸口、皱着眉头的样子好看，却不知道西施的美是客观存在的，是多方面的条件决定的，而不只是按住胸口、愁眉蹙额的缘故。东施忽视了自身

的条件，生搬硬套，效仿西施的动作，结果弄巧成拙，闹了一场大笑话。

类似的闹剧，远不止东施效颦一出。

春秋时期，宋国有个年轻人，外出求学多年，回到家后看到自己的母亲，竟然直接称呼母亲的名字。母亲很诧异，也很生气："你这孩子，去外面求学多年，应该更知书达理才是，怎么学成归来后，竟然连母亲都不叫了，你这书是怎么读的？"

年轻人理直气壮地说："直接称呼母亲的名字有什么不对吗？天下的圣贤，没有谁比得过尧和舜，可我们都是直接称呼他们的名字；天底下的事物，没有什么比得上天和地，可我们也是直接称呼它们的名字。母亲论贤德，超不过尧和舜；论地位，大不过天和地，所以，我直接称呼母亲的名字，又有什么过错呢？"

听起来是不是很可笑？完全就是"书呆子"的情景再现。

我们回顾一下年轻书生的逻辑：尧和舜是圣贤，可以直呼其名，没人说不对；天和地为世上最大，可以直呼其名，也没人说不对。天底下最圣贤的人和最崇高的物，都可以直呼其名，那么，对贤德与地位方面比不上尧舜和天地的母亲，自然也可以直呼其名。

类比是一种推理方法，是进行说服和教育的有力工具，但在应用类比推理的过程中，类比前后的事物，一是必须有尽可能多的共性，二是两事物的本质属性与结论之间，也要具备一定的必然联系。这个年轻书生，把母亲与尧舜和天地进行类比，完全不顾及母亲与另外两者之间的共性微乎其微，并无必然联系。明明是他自己犯了机械类比的谬误，却还振振有词，这书读得实在令人汗颜。

37. "如果再给我一次机会，我一定……" | 无理假设

看过《大话西游》的朋友，一定还记得至尊宝那段深情的独白：

"曾经，有一份真挚的爱情摆在我面前，我没有珍惜，等到失去才后悔莫及，人世间最痛苦的事莫过于此。如果上天能够给我一个再来一次的机会，我会对那个女孩子说三个字：我爱你。如果非要给这份爱加上一个期限，我希望是一万年。"

这份告白听起来真挚动人，又带着丝丝的伤感与悔恨，实在令人感动。可是，感动之后呢？还是要面对错过与失去的现实。说到底，这不过是一种美好的假设，可现实是无法改变的。退一步说，就算假设成真了，难道他说的一切都能兑现吗？

在逻辑学上，科学的假设是一种方法，可用于各个领域的研究。但，如果假设不科学，就像上面的那段告白一样，完全是用来安慰自己的内心，平缓情绪，表达悔恨的……这样的假设就属于谬误，是彻头彻尾的无理假设。

生活中时常会曝出一些与家庭暴力有关的话题，施暴者在实施暴力行为后，通常会向受害者表示"悔意"，大致的论调就是："我不是故意的，如果再给我一次机会，我一定不再打你，我保证……"言辞之恳切，态度之真诚，往往就让受害者的心软了下来，继而选择相信。

后来的情况又是如何呢？想必你也猜到了，绝大多数的施暴者

在下一次情绪失控时，依然会重复过去的行为，甚至变本加厉地殴打对方。他们当初的假设，完全是虚无缥缈的。在他们假设之后，在他们得到原谅之后，一切一如从前。

这也提醒我们，面对一些人悔恨时的假设，要保持冷静和理智的态度，切不可轻信和心软。要知道，那有可能是一种逻辑谬误。如果今天的你选择了相信，明天的你可能还要继续承受原来的痛苦。

38. "双重否定等于肯定，是这样的吗" | 双否定前提

●

——所有哺乳动物都是温血动物。

——猫是哺乳动物。

——所以，猫是温血动物。

上述的这一推理，是典型的三段论，即先列出陈述（通常是两段），也就是前提（大前提是"所有的哺乳动物都是温血动物"，小前提是"猫是哺乳动物"），在两个前提的基础上，最后推出"猫是温血动物"的结论。

现在，换一种方式：假如两段前提都是否定的，能否据此有效地得出结论呢？

——小王不能加入居委会。

——居委会不能加入企业组织。

——所以，小王不能加入企业组织。

很明显，这个论证是不成立的。虽然小王不能加入居委会，居委会也不能加入企业组织，但小王作为社会成员，是能以应聘的方式加入企业组织的。

——有些不喜欢吃甜食的人比较瘦。

——有些抽烟的人不喜欢吃甜食。

——所以，有些抽烟的人比较瘦。

很明显，这个论证也是不成立的。前面两个否定的陈述，并没

有说明抽烟者的任何问题。有些抽烟的人比较瘦，可能是因为本身健康出了问题，和吃甜食没什么关系。

　　总而言之，如果两段前提都是否定的，我们无法据此有效地得出结论。至于人们常说的那句"双重否定等于肯定"，在逻辑学的三段论中，显然是不成立的。

39. "所有的天鹅,都有白色的羽毛" | 不当周延

——所有的白天鹅都是天鹅。

——所有的白天鹅都有白色的羽毛。

——所以,所有的天鹅都有白色的羽毛。

咦,有没有发现,前面两句话读起来都没有什么问题,这个结论却很荒谬?我们都知道,世界上不只有白天鹅,黑天鹅也是天鹅家族的成员,而它们的羽毛是黑色的。

为什么会出现这样的谬误呢?有一个关于论证的规则是这样说的:如果在结论之中,有一个用语提到整个类别,那指向结论的证据必然会清楚地告诉我们这整个类别。如果一个论证破坏这个规则,那它就犯了不当周延的谬误。

以上述的例子来说,前提只提到了整个类别中的某一部分(所有的白天鹅,是天鹅类别的某一部分),结论却涵盖了该类所剩下的部分(所有的天鹅,既包括白天鹅,也包括黑天鹅),这就导致论证产生谬误。

再看下面这个论证,也是我们在生活中经常会听到的说法。

——所有骑自行车的人都是节俭的人。

——没有企业老板是骑自行车的。

——所以,没有企业老板是节俭的。

这是一个明显的谬误。从内容上可以看出,企业老板是否骑自

行车，跟他是否节俭没有直接关系；从逻辑学上分析，这个论证在前提中告诉我们，骑自行车的人是懂得节俭的类别中的一部分，结论却告诉我们，整个懂得节俭的类别里没有企业老板，这显然是不成立的。

在很多情况下，诡辩者会巧妙地利用不当周延来忽悠人，导致听者很难发现论证的不合理，甚至觉得还挺有道理。在日常生活中，我们要注意这种谬误。

40. "所有的科莱特人都是说谎者" | 罗素悖论

●

　　某城市里有一位理发师，为了招揽生意，他想到了一个主意，在理发店门外的墙上挂了一幅宣传海报，上面写着："本人理发技艺高超，誉满全城。我将为本城所有不给自己理发的人理发，我也只给这些人理发。我真诚欢迎各位朋友到店享受我的理发服务。"

　　这一招很奏效，理发师的门店中经常坐满了等候理发的客人。有一天，理发师无意间在镜中瞥见自己的头发长了，他本能地拿起剪子，准备给自己理发。这时候，他忽然想起自己门店外挂着的那幅宣传海报，拿着剪刀的手就愣在了空中。

　　如果他给自己理发，那他就成了"给自己理发的人"，这样的话，他就不应该给自己理发；如果他不给自己理发，那他就属于"不给自己理发的人"，这样的话，他就应该为自己理发。

　　上面的这个小故事，是罗素在1901年提出的一个悖论，叫作"理发师悖论"，也称"罗素悖论"。什么是悖论呢？就是指逻辑上可以推导出相互矛盾的结论，但表面上又可以自圆其说的命题或理论体系。

　　罗素悖论是一个集合论悖论，它的基本思想是：对于任意一个集合A，A要么是自身的元素，要么不是自身的元素。下面我们借助理发师的故事，做一个详细的阐述。

　　如果把每个人看成一个集合，这个集合的元素被定义为这个人理发的对象。那么，根据这个推理，理发师海报上所宣称的，他的元素是城里不能给自己理发的所有人的集合，且城里所有不能给自己理发的人的集合都属于他。那么，问题来了，他是否属于自己理发的对象呢？他能不能给自己理发呢？

这样的情况，远不止一例。

预言家、诗人埃庇米尼得斯曾经也提出过一个广为流传的悖论："所有的科莱特人都是说谎者。"为什么说这句话是一个悖论呢？因为埃庇米尼得斯本人，就是一个科莱特人。那么，他说的这句话，到底是真是假呢？

如果诚实的人是指从来不说谎话的人，那么诚实者始终说真话，说谎者始终说谎言。照此推理，埃庇米尼得斯说的"所有的科莱特人都是说谎者"，这个结论在逻辑上就是自相矛盾的，也是错的。

我们来推理一下：如果这句话是真的，那么埃庇米尼得斯作为一个科莱特人，他讲了真话，这显然与命题是不符的；如果这句话是假的，那么科莱特人就并非都如埃庇米尼得斯所说的那样全是说谎者，那这个命题显然也是错的。所以，无论怎么推理，他这个观点都是自相矛盾的，都逃不出悖论的怪圈。

一位年轻人想去爱迪生的实验室工作，为了博得爱迪生的好感，这位年轻人信口开河，他说："我即将发明出一种万能溶液，它可以溶解任何物品。"

爱迪生听后，微微一笑，回应说："好吧，请你先回去制造出一个能盛放这种溶液的器皿再说。假如造好了，那你就可以到我的实验室来工作。"

年轻人听了这番话，满脸通红，立刻向爱迪生道歉，而后悻悻地离开。他意识到，自己说的话有很大的漏洞，且被爱迪生拆穿了。任何溶液都需要用器皿来盛放，如果这种溶液真的可以溶解一切物体，那到底有没有可以盛放它的器皿？如果有能够盛放它的器皿，那它还能不能称得上是万能溶液？

看了这些和悖论有关的故事，很多人可能会觉得，这是一种语言游戏，或是一种诡辩术，没有任何实际意义。其实不然，悖论的提出和解决，是人类智慧的闪光，也是科学发展的酵母，它在不断启发着人们进行更加深入的思考。

41. "鲍西亚的肖像藏在哪个匣子中" | 排中律

英国剧作家莎士比亚创作的讽刺性喜剧《威尼斯商人》里面有这样一个情节：

生活在贝尔蒙特城的鲍西亚，是一个年轻漂亮的姑娘。她家境殷实，才华横溢，有不少人慕名来求婚。不过，鲍西亚的父亲在临终前立下过一个遗嘱，要求"猜匣为婚"，不然的话，鲍西亚就无法得到遗产的继承权。

父亲准备了一个金匣子、一个银匣子，还有一个铅匣子，其中只有一个匣子里装着鲍西亚的肖像。金匣子上面刻着"肖像不在此匣中"；银匣子上刻着"肖像在金匣子中"；铅匣子上刻着"肖像不在此匣中"——"这三句话只有一句话为真。"

鲍西亚的父亲留下遗言，如果求婚者根据上述的三句话，准确猜中哪个匣子里装着鲍西亚的肖像，那他就可以迎娶鲍西亚。除此之外，求婚者在猜之前，还要答应两个条件：第一，必须宣誓，如果没有猜中，绝不告诉其他人自己猜的是哪一个匣子；第二，必须宣誓，如果猜不中，将永远不得娶妻。

很多人看到这样的条件，担心自己猜不准后付出巨大代价，就退缩了。只有一些真心喜欢鲍西亚的小伙子，选择留了下来。很可惜，没有一个人猜对。

最后，有一位威尼斯的青年来到这里，他深深地喜欢上了鲍西亚。这个聪明又自信的年轻人，在思考了一番之后，对鲍西亚说："肖像在铅匣子里。"鲍西亚非常惊讶，打开了铅匣子，肖像果然在里面。

鲍西亚被青年的智慧折服了，两人决定结婚。她好奇地问青年："你是怎么猜到的？"

青年笑着说："我是推理出来的。金匣子和银匣子上的话相互矛盾，那么必然有一句是真的，而三句话中有一句为真，那么真话就在这两个匣子上，而铅匣子上的话肯定就是假的。铅匣子上说'肖像不在此匣中'，就说明肖像一定在此匣子中。"

其实，青年所用的推理方式，就是逻辑思维中的"排中律"。

排中律既是事物的规律，也是思维的规律，通常被表述为"A是B，或A不是B"。

任何一种事物在某一时刻，一定会具有某一属性，或者不具有该属性，必须满足二者之一，绝不会有其他可能。一个判断或反映事物的本质，或者不反映事物的这种本质，二者必有其一，没有其他可能。对相互矛盾的两个命题，也要做出排他的选择，要么为真，要么为假，不允许同时肯定或同时否定。

就"鲍西亚的肖像藏在哪个匣子中"这一命题，我们看看用排中律来推理的过程。

假设肖像藏在金匣子里，那么金匣子上的话肯定就是假的，银匣子上的话就是真的。若是如此，铅匣子上的话也是真的。但鲍西亚的父亲已经告知"这三句话只有一句为真"，这就跟推理结果相矛盾。

假设肖像在银匣子中，那么银匣子上的话肯定就是假的。这样一来，金匣子和铅匣子上的话就是真的，这也跟已知条件相矛盾。

假设肖像在铅匣子中，那么金匣子上的话就是真的，银匣子和铅匣子上的话就是假的，这与已知条件相符。所以，肖像一定就藏在铅匣子中。

在生活中，排中律有什么用途呢？或者说，我们在什么情况下可以用到排中律？

我们要知道，排中律要求在同一思维过程中，两个相互矛盾的判断不能同时都为真，其中必有一假；也不能同时都为假，应必有一真，即"不能两可"或"两不可"。另外，也不可以含糊其词，不做任何表态。

我们来看下面的这组对话——

甲："你昨晚去酒吧了吗？"

乙："谁说我去酒吧了？"

甲："你昨晚没去酒吧？"

乙："我可没说我没去。"

甲："那……你到底是去了，还是没去呢？"

在这里，乙明显是故意采取模棱两可的态度来回避问题。当然了，去没去酒吧不是什么大的问题，在此只是做一个案例呈现。可如果我们遇到的是一些重要的是非问题，就要旗帜鲜明，要让说话者做出非此即彼的抉择，而不能似是而非。

42. "为什么是这样，而不是那样呢" | 充足理由律

17世纪末18世纪初，德国哲学家莱布尼茨在《单子论》中，提出这样一个观点："我们的推理，是建立在两大原则之上的，即矛盾原则和充足理由原则。凭着这两个原则，我们认为任何一件事，如果是真实或实在的，提出任何一个问题或命题是真的，就必须有一个充足的理由来证明为什么是这样而不是那样。"

充足理由律是逻辑思维必须遵循的基本规律之一，它是指在论证和思维过程中，要确定一个判断为真，必须有足够证明它真实的理由；如果缺乏充足的理由，那就没有论证性。正确的思维是思路严谨的思维，论证的过程要摆事实、讲道理，言之成理，持之有故，以理服人。

现实中，经常有人会犯违背充足理由律的逻辑谬误，主要表现在以下三个方面。

·毫无理由

顾名思义，毫无理由就是不讲任何理由，没有任何依据就下结论。比如，临近下班，老板突然宣布："今天所有人加班2小时"，但没有说明加班原因。对这样的情况，员工自然不情愿：你让我们加班，总要给出理由呀？

·理由虚假

理由虚假，就是对一个命题提供了理由，但这个理由是主观的，

是不存在的或虚假的理由。比如，某高中生说："篮球运动员个子都比较高，所以经常打篮球可以长高。"在这个命题中，某高中生认为经常打篮球是长高的原因，但事实上，篮球运动员个子高，并不是经常打篮球可以长高的可靠论据，这不过是某高中生的主观臆想。

· 论证错误

论证错误，是指证明命题的理由是真实的，但是理由与推断出的结论之间，没有必然的联系。比如，《登徒子好色赋》中讲到，宋玉在楚王面前指责登徒子是好色之徒，理由是：登徒子的妻子长相丑陋、弯腰驼背，还有疥疮。如此丑陋的妇人，登徒子却十分喜爱，并与她生了五个儿子，可见登徒子是一位好色之徒。

在上述的论证中，尽管宋玉提出的登徒子的妻子相貌丑陋是事实，但喜欢容貌丑陋的妻子，并不能说明登徒子一定好色。宋玉的理由和结论之间，没有必然的联系。

在逻辑思维的过程中，无论是提出问题还是面对争议，都要找到充足的理由来证明其真实不虚。结论是否正确，关键就在于理由是否扎实。有充足的理由，才能说服他人。

43. "妈妈，师范大学在哪儿呢？" | 范畴错误

一位妈妈带着年幼的孩子去师范大学参观，他们一起游览了校园，看到了教学楼、操场、图书馆，也看到了学生和老师。可这个时候，孩子却问了一句让人哭笑不得的话："妈妈，师范大学在哪儿呢？"

在这个情景中，孩子把大学和自己所参观的个别设施放在了同一个范畴里。年幼的孩子并不知道，大学和他所看到的教学楼、操场、图书馆等个别设施，是一种包含与被包含的关系，而他却将其视为并列关系，这就是逻辑学上的范畴错误。

范畴错误，也称为范畴失误，是指将既有的属性归属到不可能拥有该属性的对象上，是语义学或存在论的错误。比如，下面这几句话，都属于范畴谬误。

· "曹雪芹是一个天文学家。"

· "哈佛大学的面积排名第几？"

· "滨海公园里有狮子和老虎吗？"

曹雪芹是《红楼梦》的作者，他是一个文学家，但不是天文学家；哈佛大学是世界名校，它的面积大小不影响其在世界名校中的地位和影响力；滨海公园是一个露天的公园，不是动物园，不可能有狮子和老虎出没。

小孩子经常会犯范畴错误，因为他们不谙世事，对很多常识尚

不了解，也不太懂得分门别类，或是用心体会多个并列关系组合起来的综合性范畴。作为成年人，虽然我们很少犯简单的范畴错误，但在向他人提问之前，最好也要三思一下，尽量别犯类似的错误，以免贻笑大方。

44. "天才是1%的灵感加上99%的汗水" | 断章取义

一位学生在作文中引用了爱迪生的话作为论据，他写道："伟大的发明家爱迪生说过，天才是1%的灵感加上99%的汗水。可见只要足够勤奋、足够努力，就能成为天才。"

老师看过这篇作文后，把这句话标了出来，并批注道："请查看爱迪生的完整原话。"

爱迪生的完整原话是怎么说的呢？我们一起来看看——"天才是1%的灵感加上99%的汗水，但那1%的灵感是最重要的，甚至比那99%的汗水都要重要。"

很明显，爱迪生的原话强调的是灵感的重要性，可那位学生在作文中只引用了这句话的前半部分，进而强调勤奋努力的作用，这与爱迪生的原意相差甚远。

类似上述这样，不顾整篇文章或谈话的真实内容，孤立地截取其中的一句或一段来进行分析，曲解原意进而加以攻击，就犯了断章取义的谬误。生活中，我们经常会听到或看到一些名人名言，而那些名言却总是由于各种原因被断章取义。

·断章取义1："知识就是力量。"

真实的原话："知识就是力量，但更重要的是运用知识的技能。"

这句话是培根的名言，他强调的是运用知识的技能，可在被人们断章取义后，却变成了过分强调知识本身，显然属于断章取义。

·断章取义2："吾生也有涯，而知也无涯。"

真实的原话："吾生也有涯，而知也无涯，以有涯随无涯，殆已。"

这句话出自《庄子》，其意是说：人的生命是有限的，知识是无限的，用有限的生命去追求无限的知识，那是很危险的。庄子想告诉世人的是，生命有限，不能没完没了地去追求无限的知识，我们要学会区分，有用的知识是越多越好，没用的知识越少越好。可被人们断章取义之后，却只剩下了前半部分，与庄子真实的原意恰恰相反。

看到这里，希望大家能够有所反思：想引用名言警句作为论据时，应该看看完整的原话内容，不要犯断章取义的谬误。

45. "嗯？有两个报社的记者参加……" | 结构歧义

系主任的秘书开会回来，向领导汇报工作："今天的活动，有两个报社的记者参加。咱们的活动，很快就要上报纸了。"秘书说这话的时候，脸上露出得意的笑容。

听完汇报的领导，此时却皱着眉头，质问道："嗯？有两个报社的记者参加……你说的这句话有问题啊，我听了半天，也不知道有多少个记者参加了这次活动！"

秘书一琢磨，还真是这样，自己说的话存在严重的歧义。幸好，她只是口头汇报了工作，要是把这句话写在文章里，发布在学校的官方公众号上，那才是闹笑话呢！

在逻辑学上，由于语句中的语法结构具有不确定性而导致判断产生的歧义，叫作结构歧义。秘书在汇报工作时提到"两个报社的记者"，这里面就含有语法结构的不确定性，既可理解为两个记者（同一家报社），也可以理解为记者（数量不确定）来自两个报社，所以是犯了结构歧义的逻辑错误。

我们再来看一个例子。儿子正在看书，妈妈问他："你看的是什么书？"儿子回答说："我在看一本现代战争小说，特别精彩。"这个回答让妈妈一头雾水，见儿子看得正起劲，她也没再追问，但其实她依旧不知道儿子看的到底是什么书？

问题与上述故事中的如出一辙。儿子的回答是"现代战争小说"，这里含有语法结构的不确定性，既可以理解为描写战争（现代或古代均可）的现代小说，也可以理解为描写现代战争的小说，也难怪母亲会听得一头雾水。

要消除结构歧义，最好的办法就是改变原来的表述方式，让其具有确定性。比如，秘书可以对领导说："今天的活动，有两位记者参加"，或者"今天的活动，有两家报社的记者参加"；儿子在回答母亲的问题时，可以说："一本现代的战争小说"，或者"一本关于现代战争的小说"。这样的话，听者就明明白白了。

46. "那里的老鼠没有一只是驼背的" | 隐含命题

人们在生活中经常会说："听话听声，锣鼓听音。"意思就是，听人说话的时候，为了准确把握对方的思想，听明白对方真正想表达的东西，不能只听对方话语表面的意思。很多时候，别人说的一句话中，实则隐含着另一句话；别人说的一个命题中，实则暗藏着另一个命题。类似这样的情形，我们就将其称为"隐含命题"。

隐含命题在生活中非常实用，把它用好了，既可以委婉地表达出自己的意见，又不至于因直言叙述而得罪人。在很多交际场合，它可谓是一种高明而幽默的表达方式。

某喜剧演员在一次活动中，讽刺他住的一家旅馆太过低矮，老鼠成群。他说："我住的旅馆，房间又小又矮，连老鼠都是驼背的。"旅馆老板听后，特别生气，说要上诉控告这位演员败坏旅馆的声誉。

这位演员担心事情闹大了不好收场，就连忙表示愿意道歉更正，他说："刚刚我说，我住的旅馆房间里的老鼠都是驼背的，这句话说错了。我想说的是，那里的老鼠没有一只是驼背的。"

很巧妙的更正，对吗？他说"那里的老鼠没有一只是驼背的"，这一命题中，其实就隐含了另一个命题："我住的旅馆里有很多老鼠。"表面看起来，他是在道歉更正，但其实还是坚持了自己前面所说的观点，再一次讽刺了旅馆的条件差。

无独有偶，不同人的经历，虽不完全重叠，却总少不了相同的韵脚。

著名作家狄克曾到乡下体验生活，搜集写作素材。抵达某个地方后，天色已晚，他决定住宿。这里的条件不好，且只有一家旅馆。朋友提醒过他，这种小旅馆条件差，闷热潮湿，且蚊子特别厉害，晚上人们根本无法睡觉。

狄克没有当回事，但他到服务台登记的时候，刚好有一只蚊子在眼前飞舞。他微笑着对前台的服务人员说："早听说你们这里的蚊子很聪明，今日一见，果然名不虚传。它们居然懂得提前来查看我的房间号码，以便晚上光临，好好地享受一顿美餐。"

听了狄克这番幽默的言辞，服务人员不禁被逗笑了。结果，那一天晚上，狄克睡得特别好，房间里一只蚊子也没有，因为服务人员提前把它们"赶"出了房间。

狄克没有直截了当地指出旅馆蚊子太多，而是采用了隐含命题的方式，说蚊子提前来查看房间号码，以幽默的方式引起服务人员的注意，间接提醒了对方，蚊子可能会影响客人的休息，同时又强调了一下自己的房间号码，让服务人员主动地为其做好了灭蚊工作。如此沟通，既没有吵得面红耳赤，又在风趣中达成了自己的目的。

巧妙运用隐含命题，有助于我们平顺地解决问题，减少不必要的争执；而善于发现和分析隐含命题，也有助于我们探究出事情的真相。

某火车站曾经发生过这样一件事：一位旅客忽然发现自己的手

提包不见了，他看见前面有一个穿黑色大衣的人正拎着他的手提包往前走，就赶紧跑过去责问："你为什么拿我的手提包？"那人一愣，而后说了一句："不好意思，拿错了。"然后赶紧把手提包还给那位旅客，并向车站大门走去。

这一幕被民警看在了眼里。他紧随那个穿黑色大衣的人出了车站，走上前去问他："你自己的手提包呢？"那人猝不及防，顿时慌了神色，说不出话来。经带到车站派出所查问后，民警发现那个人是一个惯偷。

民警为什么会对这个穿黑色大衣的人产生怀疑呢？原因就是，他说了一句"拿错了"。"错"是相对"对"而言的，"拿错了手提包"这一命题中，隐含着另一个命题："存在着一个他应该拿对的手提包"。民警凭借丰富的经验，听出了这个隐含命题，同时他也看到，穿黑色大衣的人把旅客的手提包归还之后，没有去找自己的手提包，而是急匆匆地走出车站。民警从这个地方看出了破绽，故而产生了怀疑。

上述的这些案例都在提醒我们，在人际交往和生活、工作中，要善于发现、分析、运用隐含命题。这不仅有助于建立融洽的人际关系，也能在一些别有用心之人的话语中，找出漏洞和破绽，发现事实和真相。

47. "套用你的话，看你还能怎么狡辩"│同构意悖

故事一：

在一个寒冷的冬日清晨，长工老李披了一件羊皮褂子在院子里扫雪。财主"周扒皮"起床后看见了，就想趁机挖苦老李，他大声说："嘿，老李，你身上怎么长出了一张兽皮？"老李笑了笑，回答说："老爷，你身上怎么长出了一张人皮？"

片刻后，周扒皮才回过神来，气愤不已，可又只能自认倒霉。

故事二：

古希腊的雅典有一位聪明机智、能言善辩的演讲家，他四处发表演讲，雄心勃勃地猎取功名利禄。一日，他的父亲对他说："孩子，你再这样下去，不会有好结果的。说真话吧，富人会怨恨你；说假话吧，穷人又会指责你。可既是演讲，不讲真话就得讲假话，所以，你不是遭到富人的仇恨，就是遭到贫民的反对啊！"

演讲家听了父亲的话，笑答："父亲，我会有好结果的。如果我讲真话，穷人就会拥护我；如果我讲假话，富人就会支持我。既是演讲，不是讲真话就是讲假话，可无论我讲什么话，不是得到穷人的拥护，就是得到富人的支持，我有什么好担心的呢？"

故事讲完了，不知道你有没有看出，两则故事的"相同"之处？

无论是长工老李，还是雅典的演讲家，他们在回话的时候，都套用了对方的语法结构和语调形式，却表达出了与对方相反的意

思，让对方无话可说。

这种仿照对方辩词的话语结构，建构一个与对方话语结构相同，但语意完全相悖的观点，并以此反制对方的方式，叫作"同构意悖"。由于是按照对方的话语结构和思维逻辑推导出的结果，所以面对这样的反制，对方通常无言以对，只能自食其果。

在委内瑞拉的一个小镇上，某大汉酒后寻衅滋事，被人告上了法庭。他预感到法官要惩罚他，就选择先发制人，说："我想向法官提几个问题。"

这一请求得到了法官的允许。

——"我如果吃了沙枣，有什么不好吗？"

——"没什么不好。"

——"如果我再喝些水，有罪吗？"

——"无罪。"

——"然后，我躺在地上晒一会儿太阳，算不算犯法？"

——"不算。"

——"那为什么我喝了一点用枣加上水酿成的东西，然后在街上晒一会儿太阳，你们就说我有罪呢？"那人最后抛出了这一问题，质问法官。

法官想了想，没有直接回答他的问题，而是来了一番反问。

——"先生，现在我想向你提出几个问题，你能认真回答吗？"

——"你随便问。"

——"如果我向你泼一点水，会导致你受伤吗？"

——"不会。"

——"如果我往你头上倒一些黏土，会导致你残疾吗？"

——"当然不会。"

——"那么我把这些黏土和水掺在一起做成砖头，再放在太阳底下晒一晒，然后用它打击你的头，会有什么样的后果呢？"

——"这肯定会打破我的头啊，还用问吗？"

——"虽然水和黏土都不会伤到你，但用水和黏土做成的砖头会砸坏你的头；同样，喝点水、吃点沙枣不违法，但用这种枣和水酿成的酒，会让你丧失理智，寻衅滋事，触犯法律。"

此时，大汉一句话也说不出来了，只好乖乖地听候法官发落。

法官很清楚，对一个蓄意胡搅蛮缠的酒鬼讲法律，没什么效用。于是，法官巧妙地运用了"同构意悖"的方式，仿照对方提问的话语结构和思维逻辑，建构出了相对应的一套提问，对对方进行反制，推导出对方强词夺理，而酗酒肇事的罪名成立的结论。

在运用同构意悖的时候，我们不必考虑所使用的话语结构是否正确，是有效还是无效，只要跟对方的话语结构相同，就能达到反击的效果。因为使用这一诡辩的目的，不在于重新"立"一个论点，而是要"破"掉对方的诡辩。如此，就可以达到"以子之矛攻子之盾"的效果，让对方哑口无言。

48. "说了半天，跟什么都没说一样" | 分解问题

晓新："美娅，今天周五了，晚上一起吃个饭吧？"

美娅："好啊！难得放松。"

晓新："你想想，我们晚上吃什么？"

美娅："嗯……吃火锅爱上火，日本料理太凉，自助餐一顿下来热量爆表……吃中餐的话，不少餐厅都需要等位子，也很麻烦。"

晓新："说了半天，跟什么都没说一样。"

美娅："我刚刚说了呀！"

晓新："你根本没有回答我，罗列了一大堆，但等于什么都没说。我是在问你，晚上吃什么？去哪里吃？"

美娅："必胜客有点远，海底捞人太多，最近的那家回转寿司，吃过好几次了。"

晓新："好了，别说了，随便挑个地方吧！"

美娅："我不是说了嘛……"

晓新："算了，算了，今天不约了。"

像上面这样的情境，任谁是晓新，都会被闹得心烦。但，问题就只出在美娅身上吗？身为提问者的晓新，就没有值得反思之处吗？当然不是。

诚然，美娅没有弄清楚晓新的问题，晓新说的是"晚上吃什么"，并不是让美娅罗列出各种选项，而是让她做一个决定。可

是，美娅却理解成，晓新就是要让自己罗列出来，结果两人闹得不欢而散。但这不全是美娅一个人的责任，晓新在提问的时候，也没有做到准确无误，让对方轻松理解。

从逻辑学上讲，出现这样的情况，跟不会分解问题有很大的关系。在日常生活中，我们既要学会分解自己的问题——为的是让别人更好地理解我们的问题；也要学会分解他人的问题——为的是减少答非所问的状况发生。

那么，具体该怎么操作呢？我们着重从提问方的角度来学习一下。

· Step1：确定问题的方向

生活中最简单的疑问句，莫过于5W + 1H，即：

When什么时候？　　Where什么地点？　　What什么情况？

Who什么人？　　　Why为什么？　　　How怎么？

上述这六点，就是我们所说的，问题的方向，即要询问的是哪个方向上的问题。比如：周末你去了什么地方？你上午和什么人在一起？你昨天为什么不来上学？

如果你想询问"那是什么"，就要用"What"，而不能用其他的疑问词；如果你想问"方式"，就要用"How"，而不是其他的疑问词。换句话说，想知道什么内容，就要选择与之相对应的疑问词来提问。

· Step2：着重强调问题的目的

前面提到过，想问哪方面的问题，就要选择恰当的疑问词，以避免问题和我们的意向不一致，得不到想要的答案。比如，想询问"时间"，就要把提问的重点放在"When"上；想询问"是什么"，就要着重强调"What"，这样才能让我们的问题更具目的性。

只有问题的指向非常明确，回答者才能把握住提问者想知道什么、想得到什么样的答案，从而让交流更加顺利地进行。

·Step3：一个问句的疑问词要少于3个

无论提出什么问题，都应当有侧重点，这就要求我们在提问的时候，不能在一个问句中包含太多的疑问词。不然的话，回答者很难了解我们到底想要知道什么。

通常来说，一个提问最好只有一个疑问因素，一句话只问一个问题方向，让回答者清清楚楚地知道我们到底想问什么、想知道什么，从而给出准确的回应。

"赵同学，你昨天下午没来上课，和谁、去了哪儿、干什么了？"

上述的这个问句，里面包含了三个疑问因素，让回答者很难第一时间了解提问者到底想要知道什么。是想问赵同学和什么人在一起？还是想问赵同学去了什么地方？或者是问赵同学做了什么？该从哪个方向回答，简直让人一头雾水。

很多时候，我们不喜欢与人"费口舌"，毕竟这是一件浪费时间和精力的事。要避免类似的情况发生，就应当在沟通交流的过程中有效地分解问题，让每一个提问都十分明确。这样的话，一问一答才能相对应，既不会偏题，又能提高沟通效能。

49. "不是这个，就是那个，没有中间物"丨虚假两分

⬤●

小孩子看电视剧的时候，最喜欢问一个问题："这个人是好人，还是坏人？"

在孩子的意识里，世界上只有两种人，要么是好人，要么是坏人，好人是值得相信的，坏人是要远离的。他们并不知道，世界上的人形形色色，种类繁多，不能简单地用好与坏来进行区分。

对于许多重要的问题，我们无法用简单的"是"与"否"来回答。对儿童，我们可以说童言无忌、天真可爱，但若是一个成年人，也习惯用非黑即白、非是即否、非好即坏、非对即错的方式来思考问题，那他就犯了虚假两分的逻辑谬误。

虚假两分的思维方式，会把一个可能存在多种答案的问题，假设成只有两个可能的答案，似乎全世界所有问题都只有两面。而当我们把结论限制在两个以内的时候，我们的视野就会被限制，思维也会遭到严重的束缚。

某建筑公司的老板到学校接孩子回家。在教学楼门口，恰好碰上了该校的校长。由于和校长是旧相识，他们就闲聊了几句。期间，他指着较为陈旧的教学楼说："校长啊，咱们这教学楼太旧了，看起来不怎么牢固，万一发生地震，真是扛不住啊！你们要么把它拆了重建，要么就只能让学生冒着生命危险上课了。"

校长一听，就意识到这位建筑公司老板是在诡辩，目的是想

让他拆除旧教学楼，从而承揽下这个项目。于是，校长笑呵呵地回应："你不知道吧，我们这大楼刚刚通过抗震能力检测，至少可以抵抗6级地震，建筑质量完全没问题。我们也决定，下个学期对它进行外观装修，让它焕然一新。"

听完校长的这番话，建筑公司老板知道，自己再说下去也没意义了，不可能拿到这个工程。随后，他就随便应付了几句，主动告辞了。

我们看看，建筑公司老板的说法：要么拆了教学楼重建，要么让学生冒着生命危险上课。在这两个选项中，显然前一个选项更好，但问题在于，后一个选项是真实的吗？当然不是，这只是建筑公司老板的个人观点。那栋教学楼或许只是看起来很旧，但实际上很牢固，而校长后来的解释，也印证了这一点。

从另一个角度来说，除建筑公司老板提到的两种可能以外，难道就不存在其他的可能吗？肯定也不是。校长说了，下学期就会对旧教学楼的外观进行装修，让它焕然一新。这一解决方案，显然比拆掉重建更节省时间，也更节省费用。

就这件事而言，解决教学楼陈旧的问题，还有不少可取方案，建筑公司老板说的只是两个最极端的选项。既是极端的选项，也就意味着不是最佳的办法。因此，只要找出比这两种办法更好的选项，就可以驳斥对方的虚假两分诡辩。

了解虚假两分的逻辑谬误，有助于我们用开放的思维去思考问题，特别是在遇到挫折的时候，能够及时地提醒自己和他人：还有第三种可能！这样的话，就不会把一个问题往极端上想，也不会因为一次偶然的失败，就彻底丧失自信，认为人生一片黑暗，自己没有任何价值。

从表面上看，遇到挫折一蹶不振，似乎是心态过于悲观，但其实是陷入了虚假两分的逻辑陷阱。稍加分析就知道，这是把人生错误地分为了两个极端，一个是正极端，一个是负极端，不是这个，就是那个，没有中间物。

遇到这样的时刻，我们要记得告诉自己，告诉他人：人生并不是只有两种可能，还有无限种可能，且每种可能皆可实现。高考落榜了，复读也有可能重新实现梦想；即便不复读，还可以选择专科学校；失恋了还可以再恋爱，也许能找到更适合自己的人……当我们意识到第三种可能的存在时，我们就从牛角尖里钻出来了，并欣喜地发现，人生不存在绝境，处处都有转机。

50. "你如何知道它是真的，能证明吗" | 事实断言

在提问的过程中，我们遇到的所有推理论证，几乎都涵盖以下三方面的内容：

· 过去是什么样?

· 现在是什么样?

· 将来是什么样?

这些看法形式不一，有可能是假设，有可能是理由，也有可能是结论，但说话者的目的是一样的，他们希望听者能把这些看法当成事实，并认同它、接受它。

在逻辑学上，这些看法被称为"事实断言"。

现在，有一个看起来无懈可击的"事实断言"摆在我们的面前，我们的第一反应是什么? 是选择无条件地相信，还是选择仔细分析，看看这个结论有无疏漏?

如果我们选择的是后者，应该从哪些方面着手对事实断言进行验证呢?

面对事实断言，我们如果要验证它，需要完成以下三个问题。

问题1：我为什么要相信它?

问题2：是否需要证据来证实这一断言?

问题3：证据的效力可靠吗?

如果需要证据，而我们没有看到证据，那这个断言就属于孤立

断言，即这一断言没有用任何方式来加以证实。对此，我们必然要去怀疑孤立断言的可靠性，并进一步向对方求证。如果有证据，为了客观评价推理过程，我们要记住一点：与其他事实断言相比，有些事实断言显得更加可靠。

举个例子，如果说"大部分美国参议员是男性"这一断言是真的，你可能觉得把握比较大；如果说"练习瑜伽可降低罹患癌症的风险"这一断言是真的，你可能会将信将疑。对于绝大部分的断言来说，想要证实它是绝对的真理，还是绝对的谬误，是非常困难的一件事。

通常来说，某个断言的证据数量越多、质量越高，我们可信赖它的程度就越高，我们也越能把这样的断言叫作"事实"。可能有人会问：有没有什么办法，可以帮助我们确定断言的可靠性？答案是有，我们可以借助提问来实现。

问题1：你的证明是什么？

问题2：你如何知道它是真的？

问题3：你有什么证据吗？

问题4：你为什么相信它？

问题5：你能确信它是真的吗？

问题6：你可以证明吗？

如果我们养成了经常问这些问题的习惯，那就离最佳提问者不远了。

这些问题要求提供论证的人进一步解释这些论证的基础，以证实其言论的准确性。任何一个提出论证的人，只要他希望你认真思考这个论证，都会毫不犹豫地回答这些问题。他们知道自己掌握了实质性的证据，可以证实其断言。所以，他们会希望你了解这些证据，并渐渐认同他们的结论。

如果有人对出示证据这一简单的要求，表现出大发雷霆或躲躲闪闪的态度，那就存在问题了。他们这样做，很可能是因为自己感觉很尴尬，难为情。因为他们已经意识到了，自己没有足够的证据去支撑某一看法或观点。

51. "只要支付全款的10%就行了" | 隐瞒证据

●●

在销售过程中，有些业务员为了尽快达成交易，会选择性地摆出论据，挑对自己有利的话来说。实际上，这是运用了逻辑学上的隐瞒证据，也叫作采樱桃谬误。意思就是，像采樱桃那样，专门捡那些好的樱桃摘，比喻选择性地说话，只呈现美好的部分，而把不利于自己的那些话藏起来。

一位售楼小姐向一位中年阿姨推销房子。通过简单的交流，她得知阿姨近期迫切地想入手一套房子，给儿子当婚房。于是，她向这位阿姨介绍了房子的楼层、格局、面积、朝向等一系列内容。阿姨听了半天，还是云里雾里，就跟她说："这样吧，你带我去现场看看，看过之后，我心里才有底。"

售楼小姐带阿姨来到小区后，阿姨提出这个房子周围的环境不太好，说："你看，附近就是火车站，每天有多趟火车经过，太嘈杂了。"

售楼小姐赶紧解释说："阿姨，您有所不知，咱们这里离火车站近，出门乘坐火车很方便，要是您儿子出差什么的，下火车后很快就到家了，都不用打车了。您说是不是？现在，有不少人专门挑这附近的房子呢！况且，这儿的房子升值空间很大。"

听到售楼小姐这么一说，阿姨觉得也有道理，就接受了这房子的位置。但很快，她又发现了一个不尽如人意的地方："我要给儿子当婚房用，可主卧没有卫生间，这不方便啊！上个厕所还要跑来跑去，冬天更是麻烦啊！"

售楼小姐笑着解释："阿姨，从风水学上讲，卧室是清净休息的地方，而卫生间是污秽之气的场所，在卧室里设卫生间，其实对人的身体是不太好的。您想啊，卫生间里潮气很重，设在卧室，不影响卧室的空气质量吗？"

阿姨点点头，觉得这姑娘说的是那么回事。

最后，售楼小姐对阿姨说："您看，这房子的格局、面积，您都挺满意的。要不，咱们把售房合同签了？签了之后，您就能拿钥匙了，也能提早安排装修，甚至明天就可以动工。结婚是大事，总得提前准备，您说是吧？"

阿姨说："没错，那首付款是多少？"

售楼小姐说："通常，首付款是购房全款的30%，我们现在有优惠活动，只要支付购房全款的10%就可以。这套房子的总价是200万元，您支付20万元的首付就行了。"

阿姨一听很高兴，说："20万元就能买房了啊？太好了。"

就这样，阿姨签了购房合同，交了20万元的购房款。可就在签完合同之后，售楼小姐却告诉阿姨："剩下的购房款，您可以通过房贷的形式来支付，贷款20年的话，每个月需要还款13700元。"

"啊！每个月还13700元？这不是要人命吗？我哪儿有能力每个月支付这么多钱啊！你为什么不早点告诉我？要是早知道……"阿姨懊恼不已，责怪售楼小姐没有说清楚，结果陷入了扯皮之中。

售楼小姐强调房子的种种好处，哪怕是客户提出的异议，也巧妙地自圆其说了。目的很明确，就是给买者造成错觉，误以为房子真有她说的那么好。当然了，那位买房的阿姨也比较粗心，连最起码的贷款买房常识都不了解，只听到"首付20万元"就冲动地签了合同。这也提醒我们，在做出购买决定之前，一定要了解好产品的优缺点，在深思熟虑之后再做出购买的决定。

52. "不好直接回答时，就回答点别的" | 答非所问

森林里住着一头贪婪的狮子，它想把山羊、猴子和兔子这些臣民，统统都吃掉。但是，无缘无故地把它们吃掉，似乎不太合适，毕竟还有其他的臣民，狮子需要给它们一个交代。怎么办呢？狮子琢磨了好几日，想到了一个绝佳的借口。

狮子把山羊、猴子和兔子叫来，对它们说："你们臣服于我已经有一段时间了，我想看一看，在我的统治之下，有没有腐败的现象。"

狮子张开它的大嘴，冲着山羊问："我嘴里散发出的气味怎么样？"

山羊直率地说："大王，您嘴里的气味很难闻。"

狮子勃然大怒，吼道："你竟然敢诽谤国王，我要以诽谤罪将你处死。"说完，狮子就毫不犹豫地把山羊吃了。

猴子目睹了这一切，赶紧讨好狮子，说："大王，您嘴里的气味芬芳扑鼻，很好闻。"

狮子奸笑道："你这个狡猾的东西，满嘴谎言，还喜欢溜须拍马。留着你这样的大臣，将来必定祸患无穷。"说完，狮子把猴子也吃掉了。

现在轮到了兔子，狮子问它："你觉得，我嘴里的气味怎么样？"

兔子很聪明，灵机一动，回答说："大王，真的很抱歉，我最近患了感冒，鼻子塞住了，闻不出气味来。等我回去休息几天，感冒好了再回答您，好吗？"

狮子找不到口实，只好把兔子放了。趁此机会，兔子逃之夭夭。

有些特殊的情境下，真话说不得，假话也说不得，最好的办法就是不说。在回答狮子的问题时，兔子巧妙地利用了回避问题的策略，未给狮子留下口实。在逻辑学上，这种诡辩技巧叫作"答非所问"，即回答问题时，有意或无意地回答不相关的问题。

美国前总统里根访问中国期间，曾到上海复旦大学参观，并参加了学生见面会。当时，有个大学生问里根："您在大学期间，是否想过有一天会成为总统？"面对这一问题，里根是这样说的："我在大学学的是经济学，我还是一个球迷，当时美国有四分之一的大学生要失业，所以我只想找个工作，于是就做了体育新闻广播员……"

里根说了很多，但并没有直接回答那位学生的问题，他在用答非所问的方式回避这个难题。毕竟是公众场合，有些话不方便直接回答，但又不能失礼，毕竟那位学生并无恶意，只是好奇而已。里根选择用答非所问的方式，有效地避免了尴尬。

面对一些不好回答的问题，或者在不适合直接回答的场合中，我们可以用答非所问的方式巧妙回避。需要注意的是，在该说真话、需要直接表达意见时，我们还是要真实地表达。否则的话，会给人留下一种虚伪狡猾之感，让人觉得不够真诚、不可信任。

53. "什么是'正'，什么是'不正'" | 绝对化谬误

古希腊哲学家苏格拉底很擅长辩论。下面的这组对话，就是他与欧西德的一场辩论：

欧西德："我所做的事情，没有不正的。"

苏格拉底："什么是'正'，什么是'不正'？你觉得，虚伪是'正'还是'不正'？"

欧西德："不正。"

苏格拉底："偷窃呢？"

欧西德："不正。"

苏格拉底："侮辱他人呢？"

欧西德："不正。"

苏格拉底："克敌而辱敌，是'正'还是'不正'？"

欧西德："正。"

苏格拉底："诱敌而窃敌物，是'正'还是'不正'？"

欧西德："正。"

苏格拉底："你刚刚说，侮辱他人和偷窃都是'不正'，可为什么现在又说，侮辱他人和偷窃是'正'呢？"

欧西德："对朋友和对敌人，当然是不一样的。"

苏格拉底："将军为了给士兵鼓劲儿，欺骗他们说'援兵就要到了'，结果士兵们打了胜仗。将军的欺骗行为，是'正'还是

'不正'？"

欧西德："正。"

苏格拉底："你刚刚说，'不正'只可对敌人，不可对朋友。现在，为什么又认同可以把'不正'对朋友了呢？"

欧西德："……"

面对这样的质问，欧西德真的很难自圆其说。同时，我们也应该看清一个事实：回答问题太过绝对，会让自己很被动。欧西德在回答苏格拉底的问题时，就犯了逻辑学上的绝对化谬误，没有具体问题具体分析，结果被苏格拉底抓住了把柄，不断地反击，最终无言以对，输了这场辩论。

也许在我们的意识中，也认为羞辱、偷窃是绝对的"不正"，但又不得不承认，在某些时候，这两种行为却是"正"。毕竟，世界上的很多事物，都是有两面性或多面性的，需要具体情况具体分析，而不能一概而论。

绝对化，意味着走极端，意味着不科学，意味着不合逻辑。如果我们不分情况、地点和说话对象，一味地认为某些逻辑必然是对或错，就很容易闹出笑话，犯下谬误。

唯心主义哲学家王阳明，曾经带着两个学生去拜访朋友，其间发生了两件事。

第一件事：朋友家养了两只鹅，一只会叫，一只不会叫，朋友让仆人把那只不会叫的鹅杀了，用来款待王阳明。借此，王阳明教育学生说："你们看，不会叫的鹅被杀了，会叫的鹅还活着，所以——有才的，才能长寿。"

第二件事：吃过饭后，王阳明带学生去后山游览，看到两株大树，一株长得笔直，一株长得弯曲，而有两个人正在砍伐那株笔直的树。借此，王阳明又教育学生说："你们看，笔直的能成材，就会被砍掉；弯曲的不能成材，就会被留着，所以——无才的，才能长寿。"

两个学生听得糊涂了，其中一个忍不住问王阳明："老师，您刚刚说，有才的才能长寿；现在为什么又说，无才的才能长寿呢？"

王阳明解释道："'有才的才能长寿'与'无才的才能长寿'都没有错，它们是针对不同的对象、不同的条件而言的，两者并不相斥，也没有犯逻辑错误，它们相对于各自所处的事件、地点、条件而言，都是正确的。"

在生活中，拥有辩证思维非常重要。对待不同的事物，我们不但需要具体分析，还要辩证分析。就算是真理，也不一定是放之四海而皆准。

54. "诡辩家的半费之讼，你看懂了吗"|二难诡辩术

古希腊哲学家普罗泰戈拉，依靠收徒讲学、传授论辩技巧、教人打官司为生。他提出了"人是万物的尺度"和"一切理论都有其对立的说法"两个意义重大、影响深远的命题。据说，他教授论辩术，传授诉讼和辩护的方法，通常都要跟学生签订合同。

一日，有个名叫欧提勒士的学生找到普罗泰戈拉，想跟他学习论辩术。普罗泰戈拉提出，跟随他学习可以，但要收取学费。为了显示自己收费合理，普罗泰戈拉采用两次收款的方式。他深信自己教出来的学生，学成后肯定能成为律师，且第一次出庭定会胜诉。

于是，普罗泰戈拉对欧提勒士说："你的学费可分两期支付，一半学费在入学时支付，另一半学费在你学成之后，即第一次出庭胜诉后再交付，你同意吗？"欧提勒士很快就答应了老师的要求，两人签订了合同。

按照规定，欧提勒士先支付了一半学费，并很快就学完了全部课程。普罗泰戈拉一直等着欧提勒士交付另一半学费，但欧提勒士似乎并不把合同放在心上，学成后一直不肯出庭替人打官司，当然也就不用交另一半学费。普罗泰戈拉忍无可忍，决定向法院起诉，指控欧提勒士拖欠学费。

庭审前，师生双方进行了一场颇有趣味的辩论，其中最为精彩的是，他们从真实性难以怀疑的前提出发，却得出了两个截然相反

的结论。

普罗泰戈拉："如果你在我们的案件中胜诉，你就应该按照合同规定支付另一半学费，因为这是你第一次出庭，并取得胜诉。如果你败诉，你就必须依照法庭的判决，支付我另一半学费。总之，不管你胜诉还是败诉，你都得付我另一半学费。"

欧提勒士："老师，你错了！恰恰相反，如果你跟我打官司，无论我胜诉还是败诉，都用不着付你另一半学费。如果我胜诉了，根据法庭的判决，我当然不用付另一半学费；如果我败诉了，那么我也不用付另一半学费，因为我们的合同规定，第一次出庭胜诉后，才付给你另一半学费。"

在辩论过程中，师生两人互不相让，争论不休，但谁也无法说服对方。负责这个案件的法官和陪审员，当时也被难倒了，迟迟不能做出判决。这就是历史上著名的"普罗泰戈拉悖论"。试问：如果让你来当这个法官，你会怎么解决这一悖论？

其实，在这场辩论中，普罗泰戈拉与欧提勒士，都运用了二难诡辩术。

所谓二难诡辩术，就是在论辩的过程中，只列出两种可能，此外别无选择，迫使论敌从中做出选择。无论对方选择哪一种可能，结果都对他不利，这样就迫使论敌陷入进退两难的境地，从而落入自己的控制之中。

需要说明的是，二难诡辩中的两种可能，也就是两个假言前提，全都是虚假的，前后件没有必然的联系。这两个假言前提，是诡辩者从自己的利益出发设置的，目的是让论敌陷入进退维谷的境地。

就普罗泰戈拉和欧提勒士的辩论而言，他们的立论都是错的，因为他们都违背了逻辑学上的"同一律"规则，概念及判断混乱，是非标准不同，可谓是彻头彻尾的诡辩。

我们来看看普罗泰戈拉的"二难推理"——

·如果欧提勒士打赢官司，按照合同，他应该付清欠我的另一半学费。

·如果欧提勒士打输官司，按照判决，他也应该付清欠我的另一半学费。

·无论欧提勒士打赢或打输这场官司，他都应该支付欠我的另一半学费。

在上述的推理中，第一个假言前提是不真实的，因为前件与后件不存在必然的联系：欧提勒士打赢了这场官司，推不出"按照合同，他应该支付所欠的另一半学费"。因为合同规定的是，欧提勒士第一次出庭打赢官司，指的是他以律师的身份帮他人打赢官司，而不是他以被告的身份打赢官司。

我们再看看欧提勒士的"二难推理"——

·如果我打赢了这场官司，按照法庭判决，我不应该支付另一半学费。

·如果我打输了这场官司，按照合同规定，我也不应该支付另一半学费。

·无论我打赢或打输这场官司，我都不应该支付另一半学费。

在上述的推理中，第二个假言前提也是不真实的，推不出结论。这场官司胜诉与败诉的区别就在于给不给付另一半学费，如果欧提勒士输掉了官司，就要支付另一半学费。不然的话，败诉的"着力点"在哪儿？没有对象，胜诉败诉就无从谈起。

综合来看，师徒二人的二难推理，采取的是不同的标准：一个是法庭判决，另一个是合同约定。两个标准各有利弊，他们都是以对自己有利的标准为自己诡辩，所以才会得出针锋相对的结论。倘若他们都用一个标准来判断，那案子就不复杂了。

要破解二难诡辩，我们可以考虑以下三种思路。

思路1：指出对方的前提假设是虚拟的，不符合现实。

——"现代社会中，男人和女人谁更累？"

如果坚持"女方更累"的一方提出：大部分家庭中，女人是否在上班之外，还要做家务？后续的二难推理可能是：女人上班比男人更容易累，女人不仅要上班，还要承担家务，所以女人更累。

这个时候，坚持"男方更累"的一方就可以指出：对方辩友错了，现在大部分家庭中，男女都是共同承担家务的，且在上海等城市，还是男人承担主要的家务。

思路2：不正面回答对方的假设性问题，采取迂回策略。

——"我们应不应该停止保护大熊猫？"

如果坚持"不应该保护"的一方提出：我国是否存在比大熊猫更稀有、更需要保护的动物，但是因为资源不够而没有得到良好的保护？后续的二难推理可能是：其他动物比大熊猫更需要资源，大熊猫的数量已经回升，所以应该去保护其他更稀有的动物。

这个时候，坚持"应该保护"的一方就可以采用迂回策略："大熊猫在我国具有政治地位，我们不能让外宾们知道自己收到的礼物并不珍贵，在中国都没有被保护。"

思路3：以其人之道，还治其人之身。

——老师状告学生不交学费（与"半费之讼"相似）。

学生援引双方约定："如果我胜诉，按照法庭判决我不该付费；如果我败诉，按照约定我不该付费。所以，无论胜败，我都不应该付款。"

老师以相同的逻辑援引约定："如果这次你胜诉，就要按照约定付款；如果你败诉，就要按照法庭的判决付款。无论胜败，你都应该付款。"

听起来有点儿复杂的二难推理，你掌握了吗？你学会怎样反驳了吗？

55. "导致这种结果的原因只有一个吗" | 简化因果关系

——"导致大量人员死亡的原因是强烈的地震。"

——"大雪导致了铁路交通的瘫痪。"

看到上面两句话，你有没有发现其中存在的一些逻辑问题？

细心的你可能已经看出来了，两句话的共通之处就在于，把事件的结果归咎于某一个原因，从而忽略了其他的因素。以地震的例子来说，房屋倒塌是造成人员伤亡的直接原因，可建筑质量低劣也是原因之一；再以铁路交通瘫痪的例子来说，大雪是一个客观因素，但能源供应不足、铁路运力不足、应急能力不足等，是不是也要考虑呢？

在对一个事件进行解释时，依赖并不足以解释整个事件的具有因果关系的因素，或者着意强调这些因素中的一个或多个因素的作用，就犯了过度简化因果关系的谬误。事实上，无论发生了什么事，其原因都是由许多共同起作用的因素联合起来的。换句话说，是这些因素共同起作用，形成了事件发生所需要的整体环境。

就"小学适龄儿童中抑郁症的发病率增速惊人"这一事件来说，新闻记者采访了各路专家，最后综合专家的意见，指出引发这一现象的主要因素有：遗传因素、同龄人之间流行的取笑戏弄、父母疏忽大意、电视新闻里泛滥的恐怖主义和战争、缺乏信仰、学习压力过大……总而言之，这些因素中的任何一个，都可能导致小孩患上抑郁症，但我们不能说某一因素是唯一的原因。

从某种意义上讲，几乎所有的因果解释都可以过度简化。所以，当被问及某一件事发生的原因时，哪怕我们所提供的答案并不包含每一种可能的因素，也是说得过去的。可既然我们了解了过度简化因果属于逻辑谬误，在通过因果关系得出结论时，就要其尽可能包括足够多的因素，让对方知道你并没有将因果过度简化；或者你还可以向对方说明，你在因果关系结论中所强调的原因，只是众多原因中的一个，但不是唯一。

56. "中国人民银行的资金有18元8角8分" | 故意歪解

某公司的员工在上班时间吃零食，刚好被部门经理抓个正着。经理瞪了员工一眼，问道："上班第一天，就让你们看规章制度，工作时不准吃东西，你不知道吗？"

员工笑嘻嘻地说："经理，我看见了，但我吃东西的时候，没有工作。"

经理皱了皱眉头，说："什么？你再说一遍。"

员工解释说："公司规定工作时不准吃东西，所以我在没有工作的时候，当然可以吃东西了。您说是不是？"

经理长出了一口气，说："赶紧干活去！就会耍贫嘴。"

明明就是违反了公司的规章制度，却还满嘴诡辩，似乎自己没有做错什么，这样的员工，就算是伶牙俐齿，想必也不会给领导留下什么好感。换作是脾气不好的领导，可能早就让他走人了。

从逻辑学上说，明明知道对方的意思，却故意曲解成另一个意思，造成概念或话题转移，达到出其不意的目的，就叫故意歪解。很多时候，故意歪解是一种诡辩技巧，它把对自己不利的话语，歪解成对自己有利的意思，就如上面所讲的例子。但有些时候，面对自己不能回答、不想回答、不会回答的问题时，也可以用故意歪解的方式来回应，这也是一个明智的策略，至少比直接拒绝更容易被接受，且不会破坏沟通的氛围。

在一次采访中，西方记者问周恩来总理："中国人民银行有多少资金？"

周恩来总理说："18元8角8分。"

记者不解，连忙询问是什么意思。

周总理解释道："目前，中国人民银行发行的钱币面额有10元、5元、2元、1元、5角、2角、1角、5分、2分、1分，加起来就是18元8角8分。"

说完后，周总理又补充了一句："中国人民银行实力雄厚，信誉卓著。"

话音一落，全场响起了热烈的掌声。

西方记者提问的目的，是探查中国的财力，这显然是一个机密。周总理当然知道对方的用意，但他选择了故意歪解，转而回答中国人民银行发行的货币的面值总额，听起来毫无违和感，且略显幽默，实在令人拍案叫绝。可见，必要的时候，正确运用故意歪解的辩论法，也是一种智慧的交际方法。

57. "阴沉着脸，是因为心情不好" | 命名谬误

看女友脸色不对，你小心翼翼地问了一句："怎么阴沉着脸？"

女友回答说："我心情不好。"

……

看父亲经常醉酒，你私下询问母亲："爸爸怎么每次都喝醉？"

妈妈回答说："他处于中年危机期。"

……

看同学的儿子哭闹，你连忙问同学："孩子怎么了呀？"

同学回答说："他犯劲呢！别理他。"

……

有没有发现，上面的三组对话，看起来像是在沟通，但仔细琢磨就会发现，什么实质性的内容也没说。阴沉着脸和心情不好，原本就是一个意思；喝醉酒肯定是有原因，父亲正处在中年时期，遇到的问题必然是中年危机；孩子哭闹发脾气，和俗语说的"犯劲"，没什么区别……像这种通过贴标签或命名的方式来描述所发生的事实，以掩盖说话者的无知的情况，在逻辑学上称为"命名谬误"。

命名谬误很容易给人造成一种错觉——说话者知道名称，也知道原因。但实质上，说话者不过是换个说法重复问题，说了等于没说。

命名谬误在生活中经常会出现，它可以一笔带过地回答一些现象和问题。比如，"孩子为什么哭闹、摔东西"，是因为"孩子脾气不好、犯劲"。看起来像是回答了，但其实阻碍了我们寻找更深刻的原因——孩子哭闹，可能是某些需求没有被满足，这才是解决问题的关键点，也是教育孩子、引导孩子、建立亲子关系的契机。

当然，如果有些问题不方便回答，不想让他人知道具体的原因，用简单的命名来回答，也未尝不可，这样既不会驳人面子，也不会让自己难堪，不失为一种良策。

58. "小明是小明爸爸的儿子" | 同语反复

问：什么是乐观主义者？

答：乐观主义者，就是乐观对待生活的人。

问：什么是工业？

答：工业就是生产工业品的生产部门。

……

回想一下，在小学或中学阶段，你有没有按照这样的方式回答过考卷上的问题？为什么按照这样的模式解释问题，最后往往都不能得分呢？答案很简单，看看下面这个例子，你就会明白。类似这样的答案，其实等于"什么都没说"。

问：小明是谁？

答：小明是小明爸爸的儿子。

通常，我们下定义是为了通过一个概念去明确另一个概念。所以，用来揭示被定义项的下定义项，必须是已经明了的概念。如果被定义项被用来定义下定义项，那么，下定义项本身就成了一个未明确的概念。用一个未明确的下定义项去揭示被定义项，其结果就是无法达到明确被定义项的目的。

像上述这种回答问题的形式，就属于下定义项中直接用到被定义项的概念。比如，"乐观主义者就是乐观对待生活的人"，下定义项"乐观对待生活的人"，仅仅是对被定义项"乐观主义者"的字面解释，等于下定义项直接用了被定义项的概念。这种逻辑错误称为"同语反复"。

所以，要明确"乐观主义者"，就必须明确"乐观"这一概念，只有表述出了它的真正意思与内涵，才能就"乐观主义者"给出一个详细、明确的解释。

59. "明天约好了去爬山，所以明天肯定是晴天"｜ 一厢情愿

在过往的经历中，你有没有在脑海里冒出过这样的想法：

"我和他是多年的朋友，所以他一定不会骗我。"

"明天约好了要去爬山，所以明天肯定是晴天。"

"快过节了，超市的商品应该会有很大的折扣。"

扪心自问：你的这些推断都得到印证了吗？事实和你想的一样吗？

恐怕不尽然。类似这样，以自己单方面的想法作为论证根据的推断，在逻辑学上叫作一厢情愿，这也是一种常见的谬误。换句话说，一厢情愿的逻辑谬误就是以个人的好恶和个人意愿来判断，总是有选择地相信——相信自己愿意相信的事，相信让自己感到快乐舒心的事。

为什么我们要这样做呢？最根本的原因就是，逃避现实、回避真相。

有个女孩染上了严重的"公主病"，自信心过剩，要求男朋友像对待公主那样对待她，什么事都要以她的想法为中心，处处迁就她。有一次，男友的母亲脚扭伤要去医院，但这个女孩要求男友先送她到车站，理由是：男朋友就应该送她。在她的思维里，男友就得围着自己转，对自己言听计从。结果，男友不堪忍受，提出了

分手。

我们所希望的，只是内心的愿景和期盼，与事实毫无关系。世界不会因为你渴望成为"公主"，就让身边所有的人都围着你转。偶尔的、无伤大雅的一厢情愿，不过是我们害怕面对失望，可像这种荒谬至极的一厢情愿，就是自欺欺人了，也是自讨没趣。

我们应当尽量避免掉进一厢情愿的思维模式中，因为不肯、不敢面对现实，往往会让我们在自我安慰与自我欺骗中陷入更深的困境。直到有一天，无处可逃，必须直面的时候，我们就会彻底陷入可悲的沼泽。所以，走出思想迷宫，勇敢面对现实，才是明智之举。

60. "所有男人都喜欢看世界杯吗" | 区群谬误

某女孩问一位男同事："咦，你今天还在加班，不回去看比赛吗？"

男同事说："看什么比赛？"

女孩很诧异，说："世界杯啊！男同胞们不是都很喜欢足球吗？"

男同事摇摇头，说："我对足球一点兴趣都没有，也不了解。"

上述事件中的女孩认为，所有男人都喜欢足球，并热衷于看世界杯。但她没想到，自己身边的这位男同事是特例，压根就不看足球比赛。在这件事情上，女孩犯了一个严重的逻辑错误，那就是"区群谬误"。

听起来有点晦涩难懂，其实它是一种在分析统计资料时经常会犯的逻辑错误，指的是仅仅基于群体的统计数据就对其下属的个体性质做出推论。区群谬误假设了群体中的所有个体都具有群体的性质，是典型的以全概偏。

区群谬误，最早出现在美国社会学家威廉·罗宾逊在1950年发表的文章中。

1930年，美国进行了一次大规模的人口普查，罗宾逊针对这次普查结果，分析了48州的识字率与新移民人口比例的关系。结果发现，两者之间的相关系数是0.53，也就是一个州的新移民人口比例越高，平均来说这个州的识字率就越高。然而，当罗宾逊分析个体资料时，却发现了不一样的情况：移民比例与识字率之间的相关系数是-0.11，即平均来说新移民比本地人的识字率低。

为什么会出现这种看起来矛盾的结果呢？罗宾逊通过调查研究，终于搞清楚了原因：原来，新移民普遍倾向于在识字率较高的州定居。由此，罗宾逊提出：在处理群体资料或区群资料时，必须注意到资料对个体的适用性。

这里需要说明的是，罗宾逊并不是指任何群体资料对个体性质做出的判断都是错误的，而是说用群体资料推断个体资料时，必须注意群体资料是否会把个体的特殊性隐藏起来。比如，你认识了某个地区的某个人，他可能有懒惰、小心眼的毛病，但你不能以此为论据，推出该地区的人都有这种特点。

要避免区群谬误，应当在整体认识某一群体的基础上，用具体的眼光去看待群体中的个体。尽管群体的特性可能适用于个体，但未经调查，不能盲目地把群体的特性挪到个体上。毕竟，个体可能具有与群体相一致的特性，也可能有和群体截然不同的特性。

61. "说不上来，就是有一种感觉" | 直觉思维

两个闺密，相约下午茶，聊起了家庭之事。

"最近，总觉得他怪怪的。"

"有什么问题吗？"

"说不上来，就是有一种感觉，他肯定有什么事瞒着我。"

"会不会是你多想了？"

"不可能，我的直觉一向很准。"

几日后，两个闺密再次相聚，又谈起上次的话题。

"说说吧，你老公到底有没有事情瞒着你？"

"他？再借他几个胆，他也不敢呀！"

"那你上次信誓旦旦地说，人家肯定有事瞒你。"

"好吧，我承认，是我自己的问题。"

"没错儿，你的确有问题，太过相信直觉了，疑神疑鬼的！"

直觉思维，就是对一个问题，没有经过逐步分析，仅仅根据内在的感知迅速做出判断、猜想、设想，或者在疑难、迷糊的时候，对问题顿悟，甚至对某件事物的结果有预感等情况。很多哲学家强调过直觉思维的重要性，但从逻辑学上来讲，直觉思维无法作为证据来证明某个观点，因为它没有可信度与说服力。

当我们用直觉支撑一个观点时，我们依靠的是内在的感觉或常识，这是一个个性化的东西，其他人没有办法去判断它的可信度。

况且，直觉本身也是不确定的东西，根据直觉得出的结论本身有待考察。如果想用直觉做证据，先要拿出证据证明自己的直觉是可信的。

就拿开篇的例子来说，女士怀疑自己的先生有事瞒着自己，要让闺密相信她的直觉，她就得提出一些有力的证据。比如：他最近总是偷偷摸摸地接听电话，神色紧张，这在以前是没有过的；他以前都是准时下班，最近这些天都要到深夜才回来；他还把银行卡的密码改了，且事先没有告诉我……这些异常的表现，可以作为直觉判断的论据。有了这些论据，她的直觉才变得有说服力。

所以说，直觉不可以作为直接的证据，只有经过证明的直觉，才能作为论据。

62. "这个项目结束后，起码能赚二三十万" | 预期理由

某人向朋友借2万块钱，声称半年后连本带利一起还，利息是本金的30%。

听起来挺大方，但朋友并不买账，因为这不是某人第一次向他借钱了。他直截了当地回复："我手里也没什么钱，况且你上次从我这里借的钱，还差2000元没还呢！"

某人脸不红、心不慌，神色镇定地说："放心，兄弟！这次啊，我一并都还给你，把这2000块钱也算在本金里，你看怎么样？"

朋友说："听起来是不错，但我怎么才能相信你？"

某人神秘地说："现在，我正跟别人合作一个项目，这个项目结束后，起码能赚二三十万，到时候你还怕我没钱还你？"

朋友笑了，说："你先把那二三十万赚到手再说吧！"

为什么朋友不肯再借钱给某人？诚信肯定是一个重要的原因，还有一个原因就是，某人把没有发生的事情拿来作为论据，企图证明自己有偿还能力。这种论证手段是一种典型的诡辩术，在逻辑学上叫作"预期理由"。

预期理由是一种谬误，它在证明或反驳一个观点时，把真实性有待验证的判断作为论据，不具有可信度和说服力。比如："用望远镜观察火星，可以发现上面有不少有规则的条状阴影，而这就是

火星人开凿的运河，因此火星上是有人的。"在这句话中，"条状阴影就是火星人开凿的运河"这一前提，是没有经过证实的，不知道真假，所以根本无法推断出"火星上有人"的结论。这是典型的预期理由的逻辑谬误。

在现实生活中，特别是在销售领域，预期理由经常会被拿来作为劝说客户的一种方法。比如，某销售员会对客户说："您之前购买的这款产品，公司明年可能会调高价格，为了避免您在价格方面遭受损失，我建议您趁着价格未调整以前，赶紧订购半年的存货，这样的话，能节省不少的成本。"

总而言之，对于一些严谨的科学问题，以及牵涉到自身利益的重大问题，我们都要提高警惕，不要轻信预期理由。但若是不牵涉道德品行，如在营销和劝服他人时，也可以恰当地运用预期理由，在某些情境下，这的确是一种说话技巧。

63. "萧敬腾一开演唱会，肯定会下雨" | 巧合谬误

提到歌手萧敬腾，很多人脑子里就会冒出两个字——"雨神"。

萧敬腾似乎有一种神秘的力量，这些年里，他去某个城市出席活动，十次有九次，那个城市就会下雨。所以，很多人就把他封为"雨神"。每当天气热得受不了，城市里却长时间不下雨时，很多人就盼着萧敬腾能来他们的城市开演唱会。

其实，我们都知道，萧敬腾出席活动、开演唱会，和下雨这件事情，并不存在必然的因果关系，一切只是巧合。即便十次中发生了九次，依然只是巧合。尽管很多人都清楚这件事是巧合，只是喜欢拿来做笑谈，但这并不意味着，我们能在生活中完全避免用这种思维去想问题。

夏日里，女孩喝了一杯冰奶茶，回到家后肚子开始不舒服，而后出现腹泻的情况。女孩就此断定，喝冰奶茶会导致腹泻。从那以后，她便不再喝冰奶茶。当别人问及原因时，她给出的理由是：喝冰奶茶会导致腹泻。不仅如此，她还劝身边的人不要喝冰奶茶，说很容易导致腹泻。

在这件事情上，女孩以个别情况来肯定某种因果关系，就犯了巧合谬误。

事实上，女孩喝冰奶茶后腹泻，只是个别情况，并不能得出结论：喝冰奶茶一定会腹泻。她到底是因为喝了冰奶茶而腹泻，还是

因为吃了其他的食物而腹泻？有没有可能，她在此之前还喝了其他的饮品？这些都可能是她腹泻的原因，也许是单个的原因，也许是多个原因混合在一起，导致了她腹泻。总之，喝冰奶茶导致腹泻这一结论，是缺乏科学依据的，不能成立。

退一步说，就算是女孩喝冰奶茶后出现了腹泻，这也不能得出结论：喝冰奶茶一定会导致腹泻。这只是个案，无法证明每个人喝冰奶茶都会腹泻。换句话说，巧合谬误之下的个例，不能算作通例。毕竟，个体是存在差异的，消化系统的强弱、个人体质的好坏，都是重要的影响因素，都会导致个例不等于通例。

再者，女孩喝冰奶茶后腹泻，也许只是偶然现象，这与她当天的身体状况、当天的天气情况，都有一定的关系。如果不分析这些情况，把这种偶然视为必然，从此不再喝冰奶茶，拒绝冰奶茶，这就跟"一朝被蛇咬，十年怕井绳"没什么区别。

一言以蔽之，巧合与偶然不等于必然，要找出结论与现象之间的必然性，还要深入地研究结论背后的原因，以及现象所导致的结局。

64. "给懒惰的农民发两头牛，他们就勤奋了" | 因果倒置

刚从某大型公司面试回来的儿子对父母说："我留意了一下，那家公司的管理者都开着30万元以上的车，想去那里上班的话，还得换一辆好点的车。"

父亲一听就皱起了眉头，说了一句："这是什么逻辑？不着调！"

没错，儿子说的这番话，的确存在逻辑问题，那就是因果倒置。

在逻辑学上，事件的原因与结果之间存在正相关的联系。比如，A和B两个事件存在正相关的关系，但如何判断A和B谁是因，谁是果，并不总是很容易。如果把关系弄反了，将原因与结果颠倒，就犯了因果倒置的谬误。

就上述的例子来说，儿子认为，拥有一辆好车才有资格成为那家公司的管理者，但真实的因果关系是，出任那家公司的管理者能获得丰厚的薪资，于是他们有能力购买好一点的车。儿子这种因果倒置的逻辑，也难怪会让父亲皱眉。

现实生活中，有不少人知道因果倒置是一种逻辑谬误，但诡辩者会故意利用这种方式来诡辩。如果听者不假思索的话，很容易就会被迷惑，并相信他们的诡辩。

19世纪，英国有一位改革家声称，他经过调查研究发现：每个勤劳的农民至少有两头牛，可见有牛的农民都勤奋。据此，他得出论断：如果给那些好吃懒做的农民每个人发两头牛，就能够让他们变得勤奋起来。于是，他就提出了一项改革措施：给没有牛的农民发两头牛。

仔细一看，你就会发现，这位改革家犯了因果倒置的错误。原本，农民勤劳是原因，有两头牛是农民勤劳的一种表现形式，也可视为农民勤劳带来的结果。可在改革家看来，有两头牛是原因，农民勤劳是结果。所以，才有了后面那个可笑的改革措施。

很有可能，给懒惰的农民发了两头牛以后，并无法改变他们懒惰的习性，相反，他们还可能把牛卖掉，挥霍掉卖牛的钱，继续懒惰下去。这样的话，国家和政府的补贴就白白被浪费掉了。同时这也会打击那些原本勤劳的农民，让他们认为受到了不公正的待遇。

因果关系是普遍存在的，但这并不意味着，任意的两件事物或两种现象之间都存在因果关系。就算真的存在因果关系，谁是因，谁是果，也需要谨慎判断。那么，该怎样判断事物的关系呢？

我们需要从因果关系的"共存性"与"先后性"入手。

所谓共存性，就是指原因和结果之间存在相互接近性；所谓先后性，是指原因在先，结果在后。是否具备这两种特性，是判断因果关系的一个重要条件。但，请注意——不能因为两种事物之间存在这两种关系，就认为它们之间有因果关系。

最典型的例子就是，打闪和打雷，一个在前，一个在后，但我们不能说，因为打闪了，所以打雷。事实上，打闪和打雷的出现有共同的原因，那就是带电云之间的相互碰撞。很多时候，因果倒置是我们的思维发生了倒置的想法，那是主观臆想，而非事实。我们在生活中一定要注意避免陷入这样的误区。

65. "夸奖让学生成绩下降，责骂让学生成绩进步" | 回归谬误

我们来看看下面这几个推理——

·比赛

阿牛上次打乒乓球比赛，成绩特别烂，教练把他狠狠地训斥了一顿。结果，下一场比赛时，阿牛表现得很好。所以，责骂可以提高阿牛打乒乓球的成绩。

·考试

阿牛本次数学测验得了100分，老师和家长对他称赞不绝。结果，下次测验时，阿牛只得了90分。然后，他被骂了。结果，第三次测验时，他又考了满分。所以，夸奖会让学生骄傲，成绩下降，责骂可以让学生成绩进步。

·发烧

阿牛生病了，连续两天发烧到39℃，第三天吃了退烧药，烧就退了。所以，阿牛退烧是因为退烧药发挥了效用。

聪明的你，有没有看出来，上述这些推理中存在的问题？

从逻辑学上来说，如果未考虑统计学上随机起落的回归现象，故而造成不恰当的因果推理，就犯了回归谬误。上面的几个推理，问题就在于此。

人在比赛中的表现，往往是不确定的，时好时坏。当前一次打

出很少出现的极其糟糕的成绩时，即使什么都不做，下一次也可能会打出比上一次好的成绩。同样，如果前一次比赛表现得罕见的出色，那么下一次的比赛成绩，通常会比前一次差。

人不可能在考试中次次都拿满分，以阿牛来说，可能你不称赞他，他第二次测验也会得90分；你不责骂他，第三次测验也会拿到满分。这是学生实力的表现，不能断定是受夸赞或责骂的影响。

发烧两天以后，有时不吃药也可能会自行好转，不能就此认定是退烧药发挥了效用。

从统计学上看，事件发生的概率都是围绕一个均值来回波动的，这叫作"均值回归"。之所以会发生上面的推理谬误，就是因为忽略了这一规律，错误地从回归平均的现象中得出错误的因果关系。即，看到一件事发生后，某个指标回归平均，就认为这件事是导致该指标发生变化的原因。

既然回归谬误会让我们犯错，那我们该如何避免呢？

首先，能够意识到回归谬误的存在，本身就能够减轻一些负面的影响。我们在生活中要经常提醒自己，盛极必衰、否极泰来，尽量保持一颗平常心。

其次，客观数据可以带给我们一些帮助。多观察自己的历史表现数据，不要因为一两次超常发挥，就盲目地自信；也不要因一两次偶然的失误，就自暴自弃。客观的数据，能够让我们更加理性地做出分析。

66. "和尚动得，为何我动不得" | 推不出来

很多朋友读过鲁迅先生的《阿Q正传》，文中有这样一处情节：

阿Q去调戏静修庵的老尼姑，结果遭到了对方的白眼。然而，阿Q开始为自己辩护，他给出的理由是："和尚动得，为何我动不得？"

我们来看看这个论证——"和尚动得，为何我动不得？"暂且不说和尚是否真的动得，或是动不得，就算是和尚动得，阿Q就一定动得吗？阿Q给出的论据，根本无法必然地推出结论。换句话说，论据和论题之间，没有必然的联系。

古时候，有个人把孩子扔进河里。别人问他："为什么要把孩子扔进河里？"

他回答说："其父善游。"意思是说，孩子的父亲会游泳，所以孩子也会游泳。

很明显，这也是一个推不出的谬误。就算"其父善游"，也推不出"其子善游"的结论，两者之间缺乏有效的联系。

67. "下半年有富余的话，我肯定借给你" | 设定条件

"下半年，我想买辆车，到时候你能不能借给我2万块钱？"

"好呀！如果下半年有富余的话，我肯定借给你！"

上述的对话，听起来是不是挺熟悉的？这类话甚至经常在我们的生活中出现，或者是别人对你说的，或者是你对别人说的。总之，这样的回答是滴水不漏的。

"如果下半年有富余的话，我肯定借给你"，这句话是什么意思？就是在有富余的钱的条件下，我愿意借给你。但是，这句话本身也涵盖着另一层意思：如果我没有富余的钱，那我就没办法借给你。

事物之间总是存在着一定的条件关联，如果离开了一定的条件，失去了一定的环境，客观事物就无法存在和发展。正因为此，很多人就会利用设定某种条件，对他人的提问做出回答，这是一种诡辩技巧。如果是在不利的处境之下，借助这种方式，也可以帮助自己摆脱困境。

古时候，有一位国王询问身边的大臣："咱们王宫的水池里有多少杯水？"

大臣们一听，开始在底下议论纷纷，每个人说出的杯数都不一样。有些大臣还提出，应该测量一下，看看到底有多少杯水。然而，他们说的这些，都不是国王想要的答案。

国王声称，所有子民都可以回答这个问题。后来，有一个小孩

表示，他知道国王想要的答案。国王一听，就召见了这个孩子。

小孩说："想知道王宫的水池里有多少杯水，那要看用什么样的杯子来装。如果杯子和水池一样大，那就是一杯水；如果杯子只有水池一半大，那就是两杯水；如果杯子只有水池的三分之一大，那就是三杯水……"

国王听后，点头微笑，对这个答案非常满意。

就国王提出的那个略显荒唐的难题而言，小孩给出的答案，无疑是最圆满、最无懈可击的。这也启发了我们，面对复杂的人际交往，或是狡诈的论敌，设定条件不失为回应对方的最佳策略。

68. "抽烟会影响空气质量，赶紧戒了吧" | 无足轻重

兄弟两人是双胞胎，一个长期吸烟，一个从不碰烟。

哥哥："活了六十年了，你还没抽过烟，要不要尝一根？"

弟弟："我才不要，烟又不是什么好东西。"

哥哥："不抽拉倒，我自己抽。"说完，就点了一根烟。

弟弟："你明知道我不抽烟，还当着我的面抽，真缺德。空气质量就是被你们这些烟民弄得越来越差的，赶紧戒了吧，害人害己。"

哥哥："瞧你说的，忒夸张了！抽烟怎么可能导致空气质量变差？空气质量差，是因为工业生产排出的废气，汽车行驶排出的废气，还有人类对大自然的破坏，跟我抽烟没关系。"

弟弟："你一个人抽烟肯定没多大影响，可世界上每天那么多人抽烟，肯定会影响空气质量，这一点你不用争辩。"

哥哥："照你这么说，全世界的人每天都要放屁，大家放的屁，是不是也会影响空气质量呢？"

弟弟："当然，这都有影响。只不过，放屁是正常的生理现象，没办法控制。可抽烟不一样，抽烟是可以控制的，是可以戒掉的！"

……

两个人就这个问题争论不休。你觉得，弟弟说的"抽烟会影响空气质量"符合逻辑吗？乍一听，似乎有点道理，每天那么多人吸

烟，喷出来的烟积少成多，肯定会影响空气质量。但其实，这是一个谬误，它犯了无足轻重的逻辑错误。

所谓无足轻重，就是指在论辩中，举出无足轻重的次要原因论证，遗漏了真正的主因。以空气污染这件事来说，吸烟造成的烟雾并不是空气污染的主要原因，事实恰如哥哥所说，工业生产排出的废气、汽车行驶排放的尾气、人类对大自然的破坏，才是空气质量下降的主要原因。

通常，出现无足轻重的逻辑谬误的原因有两种：第一种，诡辩者举出的原因，根本不能称为原因，也就是说，这个原因本身是错的；第二种，诡辩者举出的原因，只是原因之一，而且是无关紧要的原因，不足以从本质上决定事物的发展。

69. "自古以来，家务活都是女人做的" | 诉诸传统

有这样一对夫妻：丈夫好吃懒做，工作不努力，赚的钱刚够养活自己；妻子秀外慧中，特别能干，在某公司担任高管，养家还贷全靠她。不过，妻子倒也没嫌弃丈夫，只是提出，让丈夫多分担一些家务，以便自己回到家能多休息一下。

一日，妻子下班后，发现厨房凌乱不堪，碗筷也没有洗，就赶紧叫丈夫过来收拾，收拾干净后顺便做晚饭。丈夫有点儿不乐意，就开始跟妻子论辩。

丈夫："自古以来，家务活都是女人做的，你让我做，这本身就有问题。"

妻子："按照你的逻辑，自古以来，男人都是主外的，那你应该去外面赚钱养家。如果你能赚钱养家还贷，那我很乐意在家扫地、洗碗、做饭。"

丈夫："我怎么没有赚钱养家呀？难道只有你一个人上班？"

妻子："不要打岔，我们在说做家务的问题。你说了，按照传统，女人应该做家务，对不对？如果这样的话，我是不是要辞去工作，在家做全职太太？"

丈夫："没问题啊，只要你愿意。"

妻子："那好，我明天就辞职，刚好我们公司在裁员。我可以在家坐吃山空。当然，你放心，我会把家里收拾得干干净净，把家

务活做得很好。"

丈夫见妻子真生气了,小声地说了一句:"如果真是那样,日子怎么过啊?"

妻子叹了一口气,说:"那不就得了!我在外面努力工作,已经分担了你赚钱养家的负担,你在家里多做点家务,帮我分担一些家务,有什么不行的呢?"

最后,丈夫被说服了,乖乖地去洗碗做饭了。

在夫妻两人的论辩中,丈夫提到了"自古以来,家务活都是女人做的",毫无疑问是把古时候的一些传统习俗拿出来作为论据了。诚然,每个国家和民族都有其流传下来的传统,但这些传统中,有的是优良的,有的是糟粕。我们要做的,当然是汲取精华,剔除糟粕。如果一味地以传统为依据,用传统来为自己辩护,就犯了诉诸传统的谬误。

诉诸传统,就是把传统视为判断是非的唯一标准,特别是把历史悠久的传统作为判断是非的标准,这显然是不符合逻辑的。在上述的案例中,丈夫就犯了这一谬误。

时代在进步,人的生活方式和思想观念也在进步。过去,女性的社会地位较低,接受文化教育的程度较低,这种客观情况导致了多数女性都只能在家里相夫教子。但随着社会的进步,女性也开始接受和男性一样的教育,并像男性一样在社会上工作,具备了独立的经济能力和独立的思想意识,因而再用古代的传统去要求女性,显然就不合适了。

诉诸传统有两种极端,一种是我们刚刚说过的,诉诸年代,即主张过去的一些古老传统是好的；还有一种是诉诸新潮，即主张新时代潮流就是好的。实际上，旧时候的传统未必适用于现代，而新潮的也未必就是好的。

对待传统，我们要辩证来看，不能"一刀切"。既不能说传统的就是好的，也不能说传统的就是不好的，新潮的才是好的。好与不好，要尊重现实，也要具体问题具体分析。

70. "我们该为别人的盲目行为负责吗" | 说即劝说

十几年前，易中天教授的"品三国"，在国内引起了极大的关注。不少中学生也是"品三国"的粉丝，且他们把易中天所讲的"三国"看作是正史。

对于这种情况，有记者采访易中天："学生把您的'品三国'视为正史，这导致了他们历史成绩下降，您不觉得应该为这种误读负责吗？"

易中天回答说："记者同志，你长得很漂亮，那边有个小伙子因为你的漂亮喜欢上了你，你是否应该为他的盲目负责呢？"

记者说："我不该为别人的盲目行为负责。"

易中天说："我不该为孩子们盲目地相信'品三国'是正史而负责，因为是他们盲目相信的，而不是我劝说他们相信的。"

我们回顾一下记者的提问，她认为：因为学生把易中天的"品三国"误读为正史，导致他们历史成绩下降，因此，易中天要为此负责。按照记者的这一逻辑：如果我们参加唱歌比赛，得了第一名，第二名的选手心情郁闷，一时间想不开选择了轻生，那作为第一名的我们，就该为第二名选手的自杀负责。因为，如果我们没有获得第一名，那他就是第一名，他就不会郁闷，也不会自杀。

试问：这种逻辑有道理吗？能说得通吗？

很显然，这没有道理，也说不通。在逻辑学上，有一种谬误叫

"说即劝说"，它的逻辑就跟上述记者所犯的错误如出一辙：你说了某些话，做了某些事，别人听到你说的，相信你的话，相信了这些事，所以你要为别人盲目相信这些话、相信这件事而负责。

这一逻辑究竟错在哪儿呢？关键就在于——"说"不等于"劝说"！说，可能只是随口一说，没什么特别的目的，但劝说不一样，它有明确的目的。

易中天的"品三国"，只是出于对历史的爱好，做出的一种知识性的分享，而没有强调自己对三国历史的评价是正史。所以，他只是"说"，而不是"劝说"。

可如果是这样的情况，一位总统候选人在演讲中说："我们政党在保护妇女权益方面，已经取得了巨大的成效。事实上，有一位受益人就在我们的听众当中，她叫苏珊，今年42岁，来自俄亥俄州的一个小镇。在我们的帮助下，她已经在一家福利院找到了一份工作。现在，苏珊女士，请你站起来，跟大家打个招呼，好吗？"

这位总统候选人说这番话的目的是什么？很明显，他有自己明确的目的，那就是宣扬自己的公德，希望劝服大家在竞选中投他一票。尽管他没有说出这样的话，但他的目的不言而喻。这种情况，就属于"劝说"。

所以，判断一个人说话是不是劝说，要看说话者的目的性强不强。不能遇到问题，就让当事者对其他人的盲目行为负责。有时候，犯"说即劝说"的逻辑错误，也是对某些无辜当事者的一种伤害。

71. "狂放之士，用他有什么益处呢" | 以人为据

看过《三国演义》的朋友可能对这处情节有一些印象：

孙权盘踞江东多年，通过举贤任能招揽了不少的人才，为东吴的发展奠定了坚固的基础。但是，有一个人没有得到孙权的任用，且他的才智不逊色于诸葛亮。这个人就是庞统。那么，身为贤明之主的孙权，为什么甘愿放弃庞统这样一个优秀的人才呢？

事情是这样的：鲁肃曾向孙权举荐过庞统，可孙权见庞统长相丑陋，行为古怪，就对他产生了不好的印象。面试一开始，孙权问庞统："你平生主要学习什么？"庞统说："没有固定，什么都学，随机应变。"孙权又问："你的才学与周瑜相比如何？"庞统说："某之所学，与公瑾大不相同。"意思是说，我的学问大了，不在周瑜之下。

孙权原本就嫌他面相丑陋，加之听了这样一番话，对庞统更是好感全无。因为孙权平生最喜欢周瑜，而庞统却没有把周瑜放在眼里。于是，孙权就让庞统回去等消息，其实就是不想用他，找个说辞而已。庞统也明白孙权的意思，走时长叹一声。

鲁肃不理解，连忙问孙权："主公为何不用庞士元？"

孙权说："狂士也，用之何益？"意思就是，庞统太狂妄了，不想用他。

很明显，在是否任用庞统这件事情上，孙权并不是依靠理性在

做决策，而是犯了"以人为据"的逻辑错误。所谓以人为据，就是在判断一个人的观点正确与否时，不看观点本身，而看发表这种观点的人。

通常来说，以人为据有两种类型：其一，以貌取人，就是根据印象来看人。对于那些印象不好的人所说的话、所做的事，都采取否定和反对的态度。其二，以立场看人。如果对方的立场与自己不同，就把对方视为敌人或对手，对对方所说的话、所做的事，采取反对的态度。

孙权对庞统印象不好，就不相信庞统说的话，不相信庞统的才华。哪怕鲁肃极力推荐庞统，拿出可以证明庞统有才华的事例，孙权依然不用庞统。在如何看待周瑜这件事情上，庞统对其是不屑一顾，这恰恰与孙权对周瑜的立场相反，这就更加剧了孙权对庞统的厌恶。由此可见，孙权犯了典型的"以人为据"的逻辑谬误。

其实，狂士未必无才，人的性格如何，不能推出他的才华与能力。这也告诫我们，做决策之前，要凭借理性去思考问题、审视人才，要就事论事，并实事求是，切忌犯以人为据的逻辑错误，这很可能会让我们的判断产生偏差或失误。

72. "盗书，怎么能算是偷呢" | 说文解字

鲁迅先生的短篇小说《孔乙己》，相信不少朋友看过，并对那个"站着喝酒而穿长衫的唯一的人"印象深刻。小说里写到过这样一件事——

孔乙己到了咸亨酒店，排出九文大钱，对柜里说："温两碗酒，要一碟茴香豆。"见此情景，旁边的人故意高声嚷道："你一定又偷了人家的东西了！"孔乙己听到这样的话，自然很不乐意，睁大眼睛说："你怎么这样凭空污人清白……"对方搬出了证据道："什么清白，我前天亲眼见你偷了何家的书，吊着打。"

孔乙己涨红了脸，额上的青筋条条绽出，争辩道："窃书不能算偷……窃书！……读书人的事，能算偷么？"接连便又说了一些晦涩难懂的话，什么"君子固穷"，什么"者乎"之类，引得众人哄笑起来。

……

当有人提及孔乙己偷东西的问题时，孔乙己为自己争辩，说："窃书不能算偷……窃书！……读书人的事，能算偷么？"在这里，孔乙己想利用"窃"来掩饰"偷"，进行"说文解字"的诡辩，可惜他用得不太好。因为，大家都知道，窃与偷是同义词，没有什么本质的区别。

162

中国的语言是很精妙的，如果对字词进行拆解和趣解，往往就会衍生出另一番意思。特别是在辩论中，巧妙地说文解字，更是可以达到诡辩的目的。

有人说起中国传统中"重男轻女"的思想，认为有失公平。这个时候，诡辩者就提出：中国传统上是重女轻男，不是重男轻女。他给出的理由是：中国文字中有一个"好"字，这个字是由"女"和"子"组成的，女子等于"好"，可见，古人认为生女儿好，这不是重女轻男吗？

把汉字拆开来进行解释，不管解释得多么生动有趣，都是不符合逻辑的。按照上面的说法，中国汉字里还有"孬"这个字，把它拆开的话，不就是"女子不好"吗？这又怎么解释呢？说到底，这就是文字游戏而已，平日里取乐也就罢了，如果乱用的话，可能会给自己带来麻烦。

三国时期的谋士杨修，就死在了说文解字上。

当时，曹操在汉水与刘备对峙多日，进退两难，举棋不定。一天晚上，夏侯惇进帐请夜间口令，曹操看见桌子上的鸡肋，随口就说了一句："鸡肋，鸡肋！"于是，"鸡肋"就成了当晚的口令。

杨修听到这个口令后，发挥自己的聪明才智，解读曹操的意思，说："鸡肋，食之无味，弃之可惜。丞相要退兵了，赶紧收拾东西吧！"结果，军心大乱，士兵们都准备撤离。曹操知道后，以"乱我军心"为由，处死了杨修。

杨修的确有才，之前也对曹操的心思进行过说文解字，自以为聪明，实则已经惹怒了曹操，遭到了他的忌恨。这种不分场合、不分对象地说文解字，是很容易得罪人的。所以，要运用"说文解字"，得拿捏好分寸，有的放矢，否则就会招惹麻烦。

73. "你的动作总是出错，不是跳舞的料" | 过度引申

一位年轻的妈妈，本身是舞蹈老师，平日对其他孩子都很有耐心，唯独在教自己女儿跳舞时，总是特别苛刻。女儿有个动作做得不太理想，妈妈就失去了耐心，说道："教了你多少次了，这么简单的动作还总是出错，我看你就不是跳舞的料！"

从教育的角度来说，如果孩子经常遭到父母这样的批评，会逐渐变得没有自信，自我价值感也会降低。从逻辑学的角度来说，这位妈妈的批判，也是毫无道理的。因为某方面的一些差错，就否定一个人在这方面的天赋，认为他不可能取得成就，这是一种逻辑谬误，叫作"过度引申"。

这样的情况在现实中频频发生，对人的心理伤害也是很大的。

有的学员在驾校学习开车时，总是因控制不好离合器而熄火，或在倒车时判断不好方向。面对这样的情况，学员自己本来就很紧张，也担心被教练说。这个时候，偏偏有些教练就会抨击学员："你这操作能力也太差了点儿，将来怎么上路啊？我觉得，你就属于不适合开车的那类人。"

有的人很喜欢写作，经常给各个杂志社、网络媒体投稿，但屡次被拒。朋友见他闷闷不乐，就劝道："不是所有人都能成为作家，你投了这么多篇文章，一篇也没有被录用，还是放弃吧，可能你注定就吃不了'这碗饭'。"

想想看，换作是你，听到这样的抨击，会有什么样的感受？

己所不欲，勿施于人。同时，我们也要避免自身犯过度引申的谬误，因为这本身就是毫无逻辑的推导。一次或几次小小的失误和错误，不能推导出一个人在这方面不可能有成就。新手上路时，都会遇到熄火的情况，但后来也开车开得很熟练；多少知名的作家，在未成名之前，也遭到过多次的退稿，但这并不意味着他的写作能力有问题，也不代表他无法成为作家。

错误可以改正，缺陷可以弥补，能力可以提升，失败可以战胜。不随意否定自己，不随意否定他人，用发展的眼光看待自己、看待他人，这才是理性的思维方式。

74. "人的眼睛有5.76亿像素，却终究看不懂人心" | 不当类比

类比是一种很有力的论证方法，它是基于两个或两种事物某些属性上的相同或相似之处，推出这两种事物在其他属性上也有相同或相似之处。类比用得好，自然能让听者心服口服。但因为打比方、类比具有从个别到个别、从类到类的特点，它的结论范围超出了前提所断定的范围，因此其结论性质通常也不具有必然性，稍不注意，可能就会出现逻辑谬误。

曾经，新浪微博上流传着一句话："人的眼睛有5.76亿像素，却终究看不懂人心。"听起来很有道理，道出了不少人的心声和感触，但从逻辑上讲，这句话是有问题的，它犯了"不当类比"的谬误。

所谓不当类比，就是把两种或多种看似属性相同，但实际上有本质差别的事物，放在一起作对比，这就造成了类比失当。

我们来分析一下这句话："人的眼睛有5.76亿像素，却终究看不懂人心。"

这句话的核心在于"看"，即说话者认为，看东西的看，与看懂人心的看，属性是一样的。其实，两者是不同的。眼睛看东西，是一种图像处理；看懂人心的看，却是一种心理认知活动，属于心理学的范畴。图像处理与心理学，是两个完全不同的事情，是没有

可比性的，并不适用于类比推理。

生活中，有些人习惯胡搅蛮缠，把没有联系、不具可比性的事物生拉硬扯地放在一起作类比，目的是用诡辩的方式达成自己的目的。那么，面对不当类比的诡辩，我们要如何反驳呢？

·反驳方法1：找出另一种类比，反驳对方的观点。

神学家威廉·巴莱为了证明上帝存在，运用了一个强大的类比论证。

巴莱把我们的世界比作一个精密的机械钟表：如果我们在一个荒岛上发现了一个运行精确的钟表，我们只能假定有一个制表人制作了它，并将它留在岛上。如果你认为钟表的各部分只是基于巧合或概率，组装在一起成为这个精密的钟表，那显然是远离事实与真相的。同理，我们所处的世界，以如此复杂、神奇、有序的方式运行，我们不能假定这是意外或随机形成的，我们必须承认，有一位造物主设计创造了这个复杂、精巧、有序的世界。

对于这样的观点，我们可以找出另一种类比：把世界比作一种生物组织，而不是机械钟表。这个生物组织会变化，其系统、器官、肢体会发展，也会退化，其核心是能量与物质，而不是思想与精神。我们可以宣称，这个世界按照自然选择，而不是有目的的计划在运行。在这个世界上，当生物不再有活力时，它就会死亡；当太阳的热量耗尽，地球也将不复存在。

·反驳方法2：按照对方的类比发展下去，得出荒谬的结论。

有人说，乌龟只有把头伸出壳外，才能向前进；公司只有愿意冒险，才能有发展。如果我们不认同这种观点的话，那就可以反问对方：按照这样的类比，那是不是公司也应当像乌龟一样，行动时要缓慢，遇到危险就要把头缩进壳里呢?

辩论界流行一句话："一切的类比都是不当类比。"其实，用以类比的东西，原本就不可能是同一个东西，不同的东西肯定有不同的地方，而这个本质上不同的地方，就可以用来攻击类比不当。怎么样，你学会了吗?

75. "眼见都不一定为实，更何况道听途说呢" | 诉诸传言

孔子的一个学生，在煮粥的时候发现，粥里掉进了一个脏东西。他很自然地用汤匙把这个脏东西捞起来，准备将其扔掉。就在这个时候，他忽然想到：一粥一饭来之不易，如果就这么扔了，怪可惜的！于是，他就把脏了的粥吃掉了。

这一幕刚好被路过的孔子看到，孔子误以为学生偷吃食物，就与他进行交流。听过学生的解释，孔子才恍然大悟，知道自己错怪了学生。于是，他感慨地说道："我亲眼所见的事情都不一定是真的，更何况是道听途说的呢？"

我们经常说："耳听为虚，眼见为实。"但生活中总有一些巧合和误会，我们看到的也许只是事情的一个侧面，根本不是全部的事实。至于那些小道消息，就更不足为信了。如果听信传言，并以传言作为论据，就很容易犯诉诸传言的谬误。

有句话说："流言止于智者。"面对传言，我们要保持一个理性、清醒的头脑，对没有经过验证的说法，不轻易信以为真，更不要将其进行传播，冷处理就好。因为，这些传言很有可能是别有用心者刻意杜撰出来的，也有可能是被扭曲了的事实。就算我们认为，某种传言有可能是真的，也要进行客观、详细的调查，以事实依据来说话。

76. "本命年穿红色衣服，就会有好运吗" | 破除迷信

"今年是本命年，要穿红衣服，这样能带来好运。"

"把可乐罐绑在婚车上，可以驱走不干净的东西。"

"新年就应该放鞭炮，这样才能吓跑年兽啊！"

"这个梯子不吉利，最好不要走，好几个人从这里摔下来过。"

……

类似这样的说辞，相信大家都能补充上来一大堆。但在这里，我想要提醒大家："一切迷信都是荒谬的。"因为，迷信的定义就是对某个不变的事物进行唯一的极端相信，相信神灵鬼怪等超自然的东西，毫无根据可循。

南昌大学原校长周文斌，迷信风水到了近乎荒唐的程度。他以"讲授易经知识"为名，安排风水先生登上讲坛，还以学校的名义聘请风水先生担任学校的顾问。当该校领导班子从老校区搬入新校区的办公楼后，周文斌还请了一位风水先生为他看风水。为了所谓的辟邪和保障仕途顺利，风水先生建议周文斌在新校区行政办公楼前的广场的一个特定位置埋些东西，周文斌听信并执行了。

很可惜，周文斌的这番做法并没有确保他官运亨通。后来，他受贿、挪用公款之事被举报，被法院判处无期徒刑，并没收个人的全部财产。那些风水先生给他设计的家居布局、各种辟邪之道，都没有奏效。

我们一直强调，要多一点科学精神，破除迷信和伪科学。

　　科学是一种允许自我证伪的动态开放的可靠方法，讲究的是形式逻辑和证据。迷信却是无条件接受，不允许质疑，没有形式逻辑，不需要可靠证据，是盲目的相信，没有理由的相信。

　　在面对社会生活中的"迷信"现象时，我们要保持清醒的头脑，加以抵制，不要为了无中生有的迷信浪费时间、精力和财富，那是一种自我偏执，没有任何意义。

77. "简单答案？算了吧……" | 简单答案不存在

在遇到一些必须面对和解决的问题时，我们都希望有简单的答案。这样的话，我们就可以从麻烦中脱身，可以去看书、看电影，或者出游、健身。遗憾的是，现实并不如人意，在绝大多数情况下，没有简单的解决方式。

为什么简单的答案通常不存在？原因就在于，简单的问题几乎是不存在的，我们必须面对的重要问题，绝大多数是复杂的。而且，不只是简单答案不存在，随着文明的演进，我们必须处理的争议也变得越来越复杂，答案自然也就随之更加复杂。

当然，这不一定是坏事，它也许更能激发我们的创造力。

正因为简单答案不存在，所以我们不能随随便便地就接受任何简单答案，尤其是回答复杂问题的简单答案。近年来，很多股民都是付出了巨大的代价，才得到这个教训：凡是容易口耳相传并被很多人使用的股市赚钱法，往往因为过于简单而无法持续。

所以说，复杂的问题通常很难简单回答，必须要从多角度加以考虑。

有些人之所以一再受骗，就是因为他们认为可能存在简单答案，甚至相信可以找到简单答案，结果做出了错误的决策，或采取了不当的举动。

美国"9·11"事件发生后数小时，骗子们就开始利用这个机会发国难财。他们打电话给成千上万的民众，要求他们提供信用卡号与社会安全号码，理由是世贸中心的倒塌让这些数据遭到损坏。

这些打电话的人，声音听起来非常文雅、专业、可信，且他们说的内容也合情合理。但是，如果接听电话的人能够停下来思考15秒钟，结果就会大相径庭。他们没有思考和追问：为什么有人着急要这些资料？难道金融机构在其他地方没有数据的副本吗？为什么是纽约的人打来电话，而不是地方上的银行人员？

在上述事件中，骗子利用了人们希望立刻采取行动的心理，即便他们提出的理由很愚蠢、很荒谬，甚至人们知道或应该知道那些理由是错误的、不恰当的，但人们还是选择了相信。骗子宣称，这些方法能够以简单的方式解决复杂的问题，而听者相信了。

面对复杂问题，多数人宁愿沉溺在无知中，宁可要一个简单而无负担的答案。他们不愿意进行正确思考，因为太费脑筋；就算能够正确思考，他们通常也不愿意按照思考得出来的结论来行动，这实在令人难过。

但愿，我们可以记住这个重要的原则和教训：简单的答案不存在，切忌不假思索地接受任何简单答案，尤其是那些回答复杂问题的简单答案，以免落入陷阱。

78. "思维卡壳的时候，你该怎么办" | 触类旁通

18世纪50年代，意大利罗马有一位知名的医生，名叫奥恩布鲁格。他救下过许多生命垂危的病人，因而声名远扬。

有一回，奥恩布鲁格为一名患者诊断病情，经过仔细检查后，却没看出对方患的究竟是什么病。为此，他只好让患者留院观察。几天以后，患者突然死亡。奥恩布鲁格十分不解，为了弄清楚原因，他申请了尸体解剖。结果发现，这名患者的胸腔严重化脓，胸腔中全是脓水。他认为，是自己的失职导致了患者死亡，因而决定找出彻底根治这种病症的方法。

一日，他看到经营酒业的父亲正在用手敲打装酒的坛子，根据不同的声音判断酒坛中所盛酒的容量。看到这一幕，他有一种豁然开朗的感觉——人的胸腔和酒坛，不是很相似吗？用敲击的方法，能不能查出胸腔中是否有积水呢？

很快，奥恩布鲁格就把这种设想运用到了临床试验中。经过大量的临床验证，他终于成功找出了胸腔疾病与敲击声音变化之间的关系，发明了"叩诊"这一著名的医学诊断方法。

人的思维能力，或多或少会遇到"卡壳"的时候，这也是我们常说的思维障碍点。那么，遇到这样的情况时，我们该怎么处理呢？

我们要对自己的知识脉络进行梳理，促使思维快速地适应当

前的情况，并抓住这样的机会，让思维能力得到进一步的发展。比如：在处理事情时，可以对遇到的问题进行转换，用一系列手段将其转化成跟过去我们遇到过的问题类似的情形。在这个过程中，我们要根据当时的具体情况对问题进行分析和归纳，通过逻辑推理在思维形式上做到具体与抽象的整合，实现求同存异，在一般规律中发现特殊规律。

世界上的很多事物之间存在或大或小的差别，但同时也存在或多或少的联系。通过有逻辑的归纳，并对已经掌握的知识进行区分，我们就能逐步构建起比较完整的知识脉络，并发展出多元的思维方法，从而让自身的思维能力得到发展，攻克思维定式。

79. "能不能把话说得明白一点儿" | 中性词语

中国的语言博大精深，大部分的词语都有词性之分，如褒义词、贬义词、中性词。在生活中如何灵敏而又准确地使用词语，就成了一个至关重要的问题。特别是中性词，它不带有感情色彩，也可以说是一种万能的词语，有时可作褒义，有时亦可作贬义。更重要的是，这类词语很容易令人曲解，一不小心，就会引发尴尬和误会。

A和B是同学，两人共同参加一场比赛。结果，A获得了奖项，B被淘汰出局。

尽管B没有得奖，但他内心很替A高兴，认为A有很多值得他学习的地方。只不过，这些话他从来没有说过，因为他性格比较内向，也不太爱说话。

有一天，某同学问B："听说A拿了第二名，你怎么看？"

B说："我很高兴啊，每次看到A，都很骄傲。"

没想到，这句话刚好被A听见，他顿时就很生气。在A看来，B是在指责自己得奖后太过骄傲，应该谦虚一点。

骄傲，是一个典型的中性词。我们可以为对方的成就感到骄傲，这里的骄傲是褒义；我们也可以提醒对方不要太过骄傲，这里的骄傲就是贬义词。B想表达的是，大家都是同学，我为A感到骄傲。可惜，他的立场和初衷，因为用词不当，遭到了对方的误解。

要成为语言逻辑高手，避免上述情况的发生，我们在生活中可以多使用感情色彩分明的词语，少用中性词。如用中性词，也要注意把话说完整。这样的表达，既可以准确地表明自己的立场和观点，又不至于引发误会和矛盾。

80. "打破砂锅问到底，直至找出满意的答案" | 追踪思维

小孩子总喜欢不停地问"为什么"，这是孩子的天性，也是追踪思维的原型。追踪思维，即因果思维，是指按照原思路刨根问底，穷追不舍，直至找出自己满意的答案。

我们在生活中需要建立追踪思维，用心寻找那些常被人忽视的地方，以及不引人注意的线索。这种细致的观察与思考，以及追问到底的态度，能够帮助我们找出某些问题的最终原因，并有效地解决问题。

有一天，丰田汽车公司的一台生产配件的机器在生产期间突然停了。经过检查发现，问题依然是保险丝断了引起的。正当一名工人拿出一根备用的保险丝准备去换的时候，一位管理者看到了，他决定通过提问来彻底解决这个问题。

问："机器为什么不运转了？"

答："因为保险丝断了。"

问："保险丝为什么会断？"

答："因为超负荷运转导致的电流过大。"

问："为什么会超负荷运转？"

答："因为轴承不够润滑。"

问："为什么轴承不够润滑？"

答："因为油泵吸不上来润滑油。"

问："为什么油泵吸不上来润滑油？"

答："因为油泵产生了严重的磨损。"

问："为什么油泵会产生严重的磨损？"

答："因为油泵没有装过滤装置而使铁屑混入。"

经过不断地追问，这位管理者最终找出了事故的真正原因。接下来，只要在油泵上装上过滤装置，就不会再导致机器超负荷运转，也不会经常地烧断保险丝，继而保证机器正常运转。如果当一个"为什么"解决后，就停止了追问和思考，认为问题已经解决，那么不久后保险丝依然会断，问题还会反复地出现。

头痛医头、脚痛医脚，不是解决问题的良方，透过现象看到本质才是关键。这也提示我们：无论工作还是生活，都要多用心，多思考，多问几个为什么。只有这样，才能拨开迷雾，看清问题的本质，从而解决各种疑难问题。

81. "葡萄那么酸，我才不想吃呢" | 合理化

狐狸来到葡萄架下，看到一串串熟透了的葡萄很是诱人。可是，葡萄架太高了，狐狸很努力地往上跳，可还是够不着。这个时候，狐狸选择了放弃，它还自言自语地说："葡萄那么酸，我才不想吃呢！"

葡萄真的很酸吗？事实上，熟透了的葡萄并不酸，狐狸说葡萄酸，不过是在逃避它够不着葡萄的真正理由，如个子太矮、不够明聪、能力不足等。只是，狐狸不想面对自身的这些问题，故而想出了一个安慰自己的谎言：我不想吃葡萄。

然而，"不想吃葡萄"这个谎言太露骨了，狐狸知道自己是想吃的，于是它就要想办法掩饰这个谎言，努力把谎言转变成意识可以接受的东西。通常，谎言在经过加工之后，就成了幻想或合理化的说辞。狐狸选择了后者，说：葡萄太酸了，我不想吃。

狐狸的这种心理机制叫作"合理化"，是一种避免冲突以保护自我的方式。合理化给予我们行动、信念、欲望合理的，或看似合理的表面解释或借口，而未碰触真正的动机。很多时候，人们不是用合理化来说明自己的意见，而是为了掩饰个人的不足。特别是在无法得到自己想要的东西时，就会利用"酸葡萄"的说辞来搪塞和掩饰。

合理化，是让自己相信的事物看起来合理，但绝大多数的论证

并不是真正的理由，而是假冒的理由。所以，合理化其实是一种错误的思考方式。当内心出现两种对立的观念时，合理化就会跑出来解围，以避免内心的不一致。把行为孤立起来，并隐藏行为本身的意义，借此扭曲掉对立观念之间的关系。

有个学生考试失败了，他不愿意承认是自己准备不足，就说老师教得不好，很多题目都没有讲过；或者说考题超出了范围。无论这些理由听起来多么"合理"，也不过是一种推诿，如果他不能正视自身的问题，就无法从失败中吸取教训，获得进步。

当遇到无法接受的挫折时，短暂地使用这种方式减轻内心的痛苦，无可厚非。但从长远的角度来看，我们不能遇到任何问题都选择用合理化的方式来逃避，这是不成熟的心理防御机制，也是错误的思考方式，欺骗别人的同时也欺骗自己。

82. "是团体中的成员太蠢了" | 集体思维

猪湾事件，是1961年4月17日在美国中央情报局的协助下逃往美国的古巴人在古巴西南海岸猪湾，向菲德尔·卡斯特罗领导的古巴革命政府发动的一次失败的入侵。对美国来说，这次未成功的进攻，不仅仅是一次军事任务的失败，也是一次政治决策的失误。

面对猪湾惨败，肯尼迪总统曾愤怒地问道："我们怎么会这么蠢？"

他得到的答案是："团体中的成员太蠢。"

现实是不是这样呢？让我们看看入侵猪湾的计划者都有哪些人。麦克纳马拉、道格拉斯·狄龙、罗伯特·肯尼迪、麦克乔治·本迪、阿瑟·施莱辛格、迪恩·鲁斯克、艾伦·杜勒斯……试问：有哪一个是蠢人？

那么，真正的问题出在哪儿呢？

答案就是：决策过程出了问题。

集体思维，最早是欧文·贾尼斯写的一本书的书名。他在书中分析了团体产生错误的原因：凝聚、孤立与压力，让团体过早达成共识以支持领导者最初的任何提议。团体领导者，通常会片面地拣选肯定自己与团体意见的证据，却没有思考其他与团体立场相违的证据。

入侵猪湾的计划者，毫无疑问是一个聪明的团体，可为什么他

183

们会惨遭失败?

第一，他们知道自己很聪明，自认为不可能失败。但事实是，聪明人也可能做出愚蠢的决定。因为真正重要的不是你有多聪明，或有多愚蠢，而是你有多正确，你对事物的推理有多透彻。要控制局势，靠的不是意见、智商、名声和过去的经验，而是以证据支撑的推理。支持结论的证据越多，结论就越可能是正确的。

第二，团体中的个别成员不想提出反对意见。他们一方面担心自己的说法遭到嘲弄，另一方面不想浪费团体的时间。施莱辛格曾在备忘录中表示，入侵古巴是不道德的，在团队会议时却没有表态，因为肯尼迪告诉他：总统已下定决心，多说无益。

第三，几乎没有其他的选项可以考虑。肯尼迪在行动失败后试图解释这个错误："中情局只给我们两个选项，入侵或什么都不做。"这个说法是真是假，我们不得而知。但真相是，总统可以改变自己的决策，真正的主导者是他，而不是中情局。

第四，团体领袖肯尼迪早就表明自己支持入侵行动。这让其他成员产生了一种错觉，觉得政策已经决定了，反对总统的决策可能会给自己带来政治风险。

第五，这项决策很重要，也很复杂，总统又在压缩成员讨论的空间，让他们面对极大的压力与束缚。人在压力下所做的思考，通常不如在放松状态下的思考更为周全。

由此可见，社会影响力对人的实践、判断和信念有很大的影响。与团体一致是普遍的做法，可当我们为了顺从团体而违背现实原则，远离真理走向错误，并纯粹以团体的想法作为判断基础时，就会犯集体思维的错误。

　　集体思维是一种思考谬误，让人脱离现实，得出错误的观点，甚至导致灾难。借助猪湾惨败事件，我们也该受到警醒：当自己的意见依赖于别人的意见，而非自己思考过的判断时，我们很可能是错的。

83. "你不认为这么想是合理的吗" | 诱导性问题

丽莎挨着姐姐坐在客厅的沙发上，她无事可做，不久就觉得厌烦。姐姐正在看书，丽莎偷偷瞄了几眼，发现上面既没有插图，也没有对话。于是，她就说了一句："这本书有什么用？既没插图，也没有对话。"

类似这样的话语，在我们日常聊天时经常会出现，不刻意琢磨的话，也不会觉得有什么问题。但实际上，丽莎在问姐姐这个问题的时候，已经回答了这个问题。她不需要明确地把问题陈述出来，如果她这么做的话，她会说："没有插图或对话的书，没什么用。"

在生活中，很少有人会对此进行刻意分析。可如果换一个场景，置身在法庭上，像丽莎这样问话却是不被允许的，因为它已经设定了正确答案，或是带有某种暗示，让人倾向于回答某种答案。律师会提出异议，指出这是一个"诱导性问题"。

就像这个问话："你现在还会殴打妻子和孩子吗？"

无论被告回答"是"或"不是"，都等于默认了殴打妻子和孩子的事实。所以，辩护律师听到这样的问话后，通常会抗议说："诱导性问题。假定的事实不是证据，被告殴打妻子和孩子的事实尚未得到确认。"

诱导性问题，是提出缺乏理由或无法接受的假定，其目的往往是回避某个问题，并诱导出自己想要的答案。在生活中，我们要格外留意这种暗示或未明示的假定。假如有人跟你说：你不认为这么想是合理的吗？你不觉得这有可能发生吗？……请让你的大脑保持清晰，对方的意图是诱导你，让你跟着他的思路走，千万别被忽悠了。

84. "把最胖的那位科学家丢出去" | 求易思维

一家杂志社曾经举办过一项有奖征答活动，奖金很高，题目颇有趣味：

一个热气球上，载着三位关系着人类命运的科学家。第一位是粮食专家，他能在不毛之地甚至外星球上，运用专业知识成功地种植粮食作物，使人类彻底摆脱饥荒；第二位是医学专家，他的研究可拯救无数的人，使人类彻底摆脱癌症、艾滋病之类绝症的困扰；第三位是核物理学家，他有能力防止全球性的核战争，使地球免于遭受毁灭的绝境。由于载重量太大，热气球即将坠毁，必须丢出去一个人以减轻重量，使其余的两人得以存活。请问，该丢出去哪一位科学家？

征答活动开始后，社会各界人士广泛参与，一度引起了某电视台的关注。在收到的应答信中，每个人都绞尽脑汁，发挥自己丰富的想象力，阐述他们认为必须将哪位科学家丢出去的原因。但那些给出高深莫测的妙论的人，并没有得到奖金，最终的获奖者是一个14岁的男孩。他给出的答案是：把最胖的那位科学家丢出去！

这个故事告诉我们，很多事情其实很简单，只是我们把它想得太复杂了。无论生活还是工作，具备求易思维很重要，因为它能立刻让我们找到问题的关键，让问题迎刃而解。换句话说，逻辑思维的本质，就是化繁为简，找到解决方法。

化繁为简，就是把重复、不相关、不重要的信息全部剔除，只保留与目标最相关的因素，并将它们按照叙事性的逻辑结构重新组合。以上面的例子来说，既然是由于载重量太大，热气球即将坠毁，必须丢出去一个人以减轻重量，那么"重量"就是与目标最相关的因素，这个时候，最该被丢出去的显然就是体重最大的那位科学家。这是解决问题最直接、最有效的选择。

曾任苹果公司首席执行官的约翰·斯卡利说过："未来属于简单思考的人。"化繁为简，可以让工作变得可行，帮我们逃离忙碌的职场深渊，轻松完成任务。

85. "组合的力量是无穷的……" | 组合思维

两个饥饿的行者，得到了一位好心人的救助，他们分别得到了一篓鱼和一根鱼竿。在得到礼物后，两人就分道扬镳了。

得到鱼的人，找了干柴搭起篝火，美美地吃了一顿烤鱼。但一篓鱼原本也没有多少，很快他就吃光了，最终没能逃脱被饿死的结局。得到鱼竿的那个人，日子也不好过，他忍饥挨饿地走到海边，还没钓到鱼，就已经精疲力竭，在饥饿和疲惫中死去。

后来，又有两个饥饿的行者，也得到了那位好心人的救助。他们获得的礼物，和前两个人一样，也是一篓鱼和一根鱼竿。不过，他们没有分道扬镳，而是选择并肩前行。

他们先是烤了两条鱼，补充体力。然后，他们带着剩下的鱼和那根鱼竿，去寻找大海。途中，饿了的时候，他们就烤一条鱼吃，有了力气后再继续赶路。

经过一段时间的长途跋涉，他们终于来到了海边，过上了靠捕鱼为生的日子。几年后，他们俩都盖起了房子，各自也都有了家庭，还有自己的渔船。

这个故事的寓意显而易见：单一的资源和力量是有限的，"组合"才能走得更远。我们在生活中要培养组合思维，把多项貌似不相关的事物通过想象进行联结，从而使之变成彼此不可分割的新整体。

组合思维的形式，主要有以下六种。

·同类组合：把若干相同的事物组合在一起，如双排订书钉、双层文具盒。

·异类组合：两种或两种以上不同领域的技术思想的组合，两种或两种以上不同功能物质产品的组合，如钢筋混凝土、香味橡皮、音乐贺卡。

·重组组合：在事物的不同层次分解原来的组合，再按照新的目标重新组合，整个过程中通常不增加新的东西，只是按照预定的目标改变事物各组成部分之间的相互关系，如折叠自行车、手柄式吸尘器等。

·共享组合：把某一事物中具有相同功能的要素组合在一起，以实现共享，如吹风机、卷发器、梳子共用一把可拆换的手柄。

·补代组合：通过对某一事物的要素进行摒弃、补充和替代，形成一种在性能上更为先进、新颖、实用的新事物，如银行卡代替存折、拨号式电话改成键盘式等。

·概念组合：以词类或命题进行组合，即对各类组合的综合运用，具有系统性、完整性、全面性、严密性，如阿波罗登月计划。

总之，组合思维能够把我们日常熟悉的东西重新组合并构成一个未知的、富有新意的事物。这种思维方法通常可以创造出新的事物，虽然简单，却很有效。

86. "我喊'3'的时候大家一起睁开眼" | 逆向思维

拍摄集体照的经历，大家应该都体验过。通常来说，照相的姿态不会有太大的问题，最难的就是，在按下快门的那一刻，保证所有人都睁着眼睛。因为在看集体照时，我们总会发现有个别人的眼睛是"眯着"的，当事人看了很不爽：为什么把我拍得那么丑？

回顾一下拍照的过程：一般的摄像师都是喊"1、2、3"，提示大家要拍照了，然后再按快门。但人总是要眨眼睛的，在调整了位置后，再喊"1"和"2"，很多人就已经坚持不住了，到摄像师喊"3"的时候，一些人的上眼皮就去找下眼皮了。

有一位摄像师说，他拍集体照，就很少出现这样的情况。因为，他的思路跟其他人不一样：先让所有拍照的人都闭上眼，听他的口令，也是喊"1、2、3"，当他喊"3"的时候，所有人要一起睁开眼。这样的话，照片冲洗出来，很少有人闭着眼睛，且大家的眼睛比平时睁得更大、更精神。

面对难题时，人们都习惯按照熟悉的、常规的思维路径去思考，即正向思考。这种方式，有时能够找到解决问题的方法，收到令人满意的效果，但实践中也有一些问题，用正向思维去解决，收效甚微，这时候就可以反其道而行之，逆向思考。

任何事物都有多方面的属性，如果只看到熟悉的一面，而对另一面视而不见，就会陷入思维的死角。若懂得逆向思考，往往能够出人意料，带来耳目一新的感觉。

不过，在采取逆向思维的时候，有两个问题需要注意。

·要深刻认识事物的本质

所谓逆向，不是简单的、表面的逆向，不是别人说东，我偏要说西，而是真正从逆向中做出独特的、科学的、令人耳目一新的、超出正向效果的思考。

·坚持思维方法的辩证统一

正向与逆向原本就是对立统一的，不可能完全分割。所以，在采用逆向思维时，也要以正向思维为参照、为坐标进行分辨，才能显示其突破性。

87. "下次不下雨的时候，献祭活人就是了" | 在此之后

很多时候，当两个情况接连发生时，尤其当它们不断地接连发生时，人们会禁不住地认为：其中一个情况可以解释另一个情况。实际上，这种想法完全没有可信度，也是一种逻辑谬误，叫作"在此之后"。

古玛雅人发现，农作物是需要雨水的。他们反复观察，发现雨水少时农作物会歉收，不下雨时会寸草不生。这该怎么办呢？不下雨的时候，该怎么求雨？

当然，我们都知道，抽取地下水是解决问题之道，可这个办法超出当时玛雅人的能力范围。他们正在琢磨其他的事情，即一个完全无效的方法——献祭活人。只要出现旱灾，就有人自愿淹死在乌斯马尔、奇琴伊察等地的天然水井中。除了人，许多珍贵的物品也被扔进井里。这样做，是为了取悦他们信奉的神，使神吩咐身边的少女将水瓶里的水洒向地面。

在献祭了几个活人后，下雨了。玛雅人得出结论：献祭活人有用。于是，下一次再不下雨的时候，献祭活人就是了。当玛雅人接受了这个错误的通则后，再没有什么东西可以阻止神权政治以各种理由、为了各类神及其他特殊目的来献祭活人。

事实上，有一个关于玛雅文明毁灭的合理理论，其根据即在于

大量献祭活人造成的人口锐减。想到那么多年，有那么多的年轻男女因"在此之后"而牺牲生命，真是令人感到可悲。总是把两件毫无因果关系的事物联结在一起，把不相干的事物联结成因果关系，就会让我们无法理解更复杂的真理。

两个事物之间可能存在必然联系，但在因果关系成立之前，我们必须确认，是否去除原因之后，结果仍然能在不违反某些公认的一般原则下继续存在？如果我们发现，结果能够独立存在于我们原来设想的原因之外，则该发现将成为证明因果关系不存在的有力证据。

萧伯纳向来吃素，同时他也是一个伟大的剧作家。可是，当我们也选择吃素时，我们也能成为伟大的剧作家吗？醒醒吧……这两件事物是独立变量，而不是相关变量。不信的话，我们可以吃上一年素，然后看看我们的写作能力是不是能因此得到提升。

88. "抽维珍妮细烟能让女性身材变纤细吗" | 固定联想

联想，是人类大脑学习事物的基本原则。一旦两个对象在人的意识中被牢牢地联结在一起，那么人们看到其中一个，就会想起另一个。这种机制让人类心智产生伟大成就，从某种意义上说，这种机制既创造了文学、艺术和音乐，也促进了科学。

维珍妮细烟的广告，拍摄得很吸引人。

维珍妮，既是香烟品牌的名字，也是女性人名。由于维珍妮这个名字经常和年轻漂亮的女子一同出现在画面中，所在这就很自然地让人产生了"画面中的女子叫维珍妮"的联想，而这恰恰是广告商所希望的。

再看"细"这个字，它准确地描述了这种香烟的外形要比其他品牌的香烟细，但同时它也会让人想到纤细，如纤细的腰围、纤细的身材。在同一脉络中使用具有两种不同意义的字词或措辞，却又不做任何区分，这种做法就很容易产生"双重意义"。

在维珍妮细烟初次上市时，它在广告中显示的双重意义，就让美国联邦贸易委员会感到头疼。可是，烟草公司成功地让美国联邦贸易委员会相信，香烟名称合理陈述了事实，维珍妮香烟确实比其他牌子的香烟更加纤细。

不过，这个理由并没有减少我们可能产生的固定联想，也是广告商希望我们产生的联想：维珍妮香烟似乎能够让广告中的女子变得纤细（广告中的那名女子比现实中的多数女子要瘦），推而广之，就能得出"抽维珍妮细烟可以让女性身材变得纤细"的结论。

当然，这种说法是不合理的。通常，吸烟者的体重会比同年龄、同性别的不吸烟者要轻，但这并不是重点。重点是，借由固定联想，广告商希望我们看到维珍妮细烟时能够联想到——年轻、性感、纤细的女性，这才是他们的目的。

现在，我们既然了解了"固定联想"，就要在面对此类问题时，多一点理性和辨别能力。在缺乏证据的状态下接受隐含假定，会让我们的思考远离真理，走向错误。如果我们接受有争议的观点，或在缺乏证据的情况下，理所当然地相信某件事是真的，那么很有可能，是我们在回避问题。